再创辉煌

陈文强 / 著

中国言实出版社

图书在版编目（CIP）数据

再创辉煌 / 陈文强著. -- 北京 : 中国言实出版社,2018.2

ISBN 978-7-5171-2689-8

Ⅰ.①再… Ⅱ.①陈… Ⅲ.①成功心理－通俗读物

Ⅳ.①B848.4-49

中国版本图书馆CIP数据核字（2018）第032846号

责任编辑：丰雪飞

出版统筹：胡　明

封面设计：博墉传媒

出版发行　中国言实出版社

地　址：北京市朝阳区北苑路180号加利大厦5号楼105室

邮　编：100101

编辑部：北京市海淀区北太平庄路甲1号

邮　编：100088

电　话：64924853（总编室）64924716（发行部）

网　址：www.zgyscbs.cn

E-mail：zgyscbs@263.net

经　销　新华书店

印　刷　北京飞达印刷有限责任公司

版　次　2018年4月第1版　　2018年4月第1次印刷

规　格　880毫米×1230毫米　　1/32　　6印张

字　数　150千字

定　价　35.00元　　ISBN 978-7-5171-2689-8

人活着有两种选择，要么浑浑噩噩得过且过，要么奋起直追有所成就。早年的我属于前者。在周围人的眼里，我是一个不学无术的败家子。

15岁辍学，学过画漫画，干过美容美发。18岁创业，赚到人生当中的第一桶金，21岁欠下了70万元外债。

我26岁之前的人生可谓大起大落，真正出现转折是进入培训行业后。作为一个培训师，第一次登台，听众只有18人，14个是我的员工，4个是客户。稀拉的掌声和惨淡的场景为我拉开序幕。后来，很多人问我靠什么才能一路快速成长，短短5年的时间，就可以站在苏州博览中心面对8000人演说，成为中国服务营销培训领域的权威。

我也在自问，究竟是靠什么呢？我想是目标。是那种在我心中不设限的未来，带着自己一路走下去，然后走出了成绩。

有句话说得很好：不要去追一匹马，用追马的时间去种草，等到春暖花开时，就会有一批骏马任你来挑选。与其为了成功往错误的方向努力，不如默默提升自己。你若盛开，蝴蝶自来。方向和目标对了，才不会越努力越远，丰富自己比取悦他人更有力量。

这也是我想说的答案。之所以从听众不满百到后来听众过万，源于我自己给自己定下的目标：我只想人生有一点点不平凡。

在我看来，目标是一个人行动的前提和动力，没有目标就等于没有方向，当我们给自己设定了一个拼搏的目标之后，为了实现这些目标，就会奋力拼搏，就会不断挖掘自己的潜力，不断做出更大的成绩。

不管你是一个职场中默默无闻的打工者，还是一个打算创业的大学生，抑或是已经小有成绩的 boss……都需要根据自己目前的情况给自己设定一个目标，来打破自己以往的成绩，争取有更大作为。

在不同的发展阶段，我都给自己设定了不同的目标，随着它们的一一实现，我也体会到了其中的乐趣。

作为一个经历过创业跌宕的人，我真的有很多话要说。在这本书中，我不仅要将自己的创业经历以故事的形式给大家讲述出来，同时要和大家分享一下自己的心得体会，让大家从我的经历中吸取经验教训，少走弯路。

每个人都想出类拔萃，在我看来，真正的成功就是我们无论在人生的哪个阶段，都不要因为荒度而悔恨，即使是条咸鱼也要有翻身的勇气，等到某天我们回头看自己走过的路，可以自豪且无悔地说，我努力了，活出了让自己都刮目相看的自己。

努力会让你看见原来自己还有这样的一面：

可以跨越重重的荆棘，

可以爆发出巨大的潜能，

可以不听从命运的安排，

也成了这么优秀的人。

就算坠入烦琐那又怎样？

我们有态度，有我们想要的生活，

我们很独立。

而且，我们从未停下追求的脚步。

陈文强

2018 年 1 月

　　文强终于出书了，记忆中他说要出书至少说了五年，我原以为他"吹"的这个牛算是吹破了，没想到他还是把此事做成了。虽然梦想实现得有点晚，但终究还是实现了。

　　文强应该是这些年来比较早跟在我身边的人之一，他不是最出色的，却是最乐意付出的，也是持续跟随的。

　　这几年来，我看着他一步步地成长，从浮燥走向成熟，从激进走向稳健，从迷茫走向成功，独立研发出"服务营销"和"企业自动运转"课程的理论体系并加以完善，从一个无名小子成为一个知名的培训师。作为老师，我为他今天取得的成就感到高兴，希望他在接下来的日子里能不忘初心，再接再励，努力做得更好。

　　在本书即将付梓之际，他再三邀请我为本书写序，我仔细翻阅后写了这段文字。本书虽然没有华丽的词藻，没有行云流水的叙述，但本书实实在在地记录了他这么多年的成长经历和创业历程，讲述了他这一路走来的点点滴滴，相信你在读完这本书后一定会有启发，学会如何选择一个适合自己的平台，并能快速找到自己的位置，从而快速地迈向成功。

多年前我看到一句话，激励了我好多年：

迈向高峰，创造生命巅峰；

胜者为王，反败者亦为王。

我想这句话就是本书最好的注解。

人生难免走弯路，难免迷茫，难免遭遇失败，难免有一段坚难的历程，但只要不甘于平凡，只要有出人头地的决心，只要你愿意被教化，只要你愿意努力，终究会有咸鱼翻身的一天。

不管过去如何辉煌，不管当下多么不幸，相信你终会迈向新的高峰，再创新的辉煌。

苏引华

2018 年 4 月 9 日

目录 / CONTENTS

ZAICHUANG
HUIHUANG

第一部分

**成长的
每一步都不白走**

⊳⊳ 有些失去，也是得到，世间没有白走的路，你暂时失去的，
都将会以另一种方式归来。没有哪条路是白走的，虽然可能
走错了路，但是你看到了别人看不到的风景；认识了你一辈
子都能交心的朋友；收获了弥足珍贵的经历；只有经历过才
能更好地去体会。

有句话说，一个爱抱怨的人，动不动就觉得别人亏欠自己的，
甚至把失败的原因归根总结到别人的身上，这不是因为命运不公
平，而是格局太小。一个人把心量放宽放大，就会觉得事事顺遂，
坎坷也成坦途。在我看来，成长的每一步都不白走，哪怕是弯路。
有句话说得好："越是艰难的时候，就越是自己进步最快的时候。"
每一份经历都是一种成长，每一份经历都是一种历练，每一份经
历都会让自己变得成熟！

人的成长在于经历！每个人的经历有多有少，有顺有逆，有
成有败，各种味道尽在其中。可不管是哪种经历，无论成功的还
是失败的，都会在你的人生轨迹上留下一些痕迹，让我们在蓦然
回首时从中获得收益，经历是一种财富！

生活中有那么多我们看起来春风得意的人，我们常常以为他

们幸运，可没有人知道他们用五年还是十年来打磨弱小的自己，变成如今别人眼中光彩四射的一个人。

📢 励志语录 ─────────────────────

　　一个人把心量放宽放大，就会觉得事事顺遂，坎坷也成坦途。

　　人的成长在于经历！

▶ 我们只有充分相信自己才能活出自己。有时候你在羡慕别人的同时别人却在羡慕你，与其羡慕别人不如爱慕自己，活出自己的真诚和热情才是生活的王道。

在澳大利亚有一种动物，人们称它"考拉"。它性情温顺、憨态可掬、行动迟缓，每天能在树上待上十七八个小时，悠然自得。很多人都希望过成考拉的样子，用很少的时间思考和行动，用最多的时间呼呼大睡。这当然是一种人生境界。在我看来，人还要追求另一种境界，敢于尝试不敢尝试的事，把有限的时间用在正确的事情上才能做出成绩。

尤其，人要有勇气尝试自己不擅长甚至有挫败感的事，并要不断地"打鸡血"以保持热情。或许你不会以此为生，但一辈子尝试一次，也是珍贵的体验，以便更深刻地理解这万千世界的不易与不同。

从小我们都被同一个励志的"段子"鼓励，"天将降大任于斯人也，必先苦其心志，劳其筋骨，饿其体肤，空乏其身，行拂乱其所为，所以动心忍性，曾益其所不能"。

也就是说，上天如果要将重大的责任委任到一个人身上，一定会让他的内心遭受痛苦，使他的筋骨遭受劳累，让他一次次地经受饥饿的困境，以致肌肤消瘦，一定会让他遭受贫困之苦，让他做事总是不如人意……这样，他的内心才能警觉，他的性格才能更加坚定，他的能力才能不断增加。

我出生在江苏太仓，在我心里扎下根儿的不仅有江南才子的儒雅，还有时刻要去尝试一些别人认为不太靠谱的事的想法。

第一次在家乡创业就是如此，当我凭着激情开始我的创业生涯，而不是单纯给人打工的时候，并没有想太多。带着初生牛犊不怕虎的激情和想要去努力一把的决心，我开始了。但实干起来比想象的要难得多。

在艰苦的创业中，我也有过数次想要放弃的念头，这个时候，我也会告诉自己，人所经历的都是历练。大海中的浪潮碰到礁石，会绽开美丽的浪花。

哪怕很艰难，也咬牙坚持，有时候不小心就走了很长一段路。

在我最无助的时候，我想起一个老师的一句话：过去不等于未来。每一天，活在当下，活在没有抱怨的世界。告别曾经的那个自己，告诉自己真正值得在乎的是现在，也只有现在才值得我花费全部的精力。如果你没有得到你要的，那么未来你将会得到更好的。

每一个人的初心很可贵，比如，你最初想要做什么，大到选结婚对象，小到报什么专业，如果能跟着自己的心走，哪怕走得很累很辛苦，我相信大部分人都会"不忘初心，方得始终"。

我曾经创业没有创出多么辉煌的成绩，但我始终认为，我活得很随性自在。靠着自己内心的一种声音牵引，告诉自己"我要创业，我要做事"。

时至今日，回首当时的那段路，激情中带着疲惫，艰难中收获勇气，我觉得，值。后来，我在给学员培训的时候，告诉每一个人，无论你在别人眼中是怎样的——父母认为你是叛逆还是乖巧；老师认为你是优秀还是一般；朋友认为你是风趣还是寡言；你自己认为你是自卑还是自信……这些都不重要，因为，你是不断变化的你，每一个走过昨天的你，都代表过去"曾经的你"。现在开始告诉自己，你不是你！

因为，我们每个人身上都自带"刷新"功能，无论昨天是成功的、失败的，充满激情的或是颓废的，只要我们相信明天，相信自己，每一天都是全新的自己。我们可以让昨天的成功更成功，变昨天的失败为经验，让激情变成勇气，变颓废为自信。

如果一个人渴望变成更好的自己，就会想着去改变，去尝试，去想象多年以后的自己是个什么模样。带上改变自己的决心和执行力，当你忘了自己的过去，满意自己的现在，静待自己的未来，你就站在了生活的最高处。我想我们一生都在往这个方向修炼。

所以，每当我们遇到磨难的时候，其实就拥有了一个超越自己的机会、一个思考的机会、一个改变的机会、一个更有作为的机会。

如果是对你有帮助的，就继续保持，因为这些习惯、思想是你人生中最默契的伙伴、最知心的朋友，会始终随着你，不会离去。爱读书就继续读书，说不定哪一本书就会成为你人生最重要的转折。

如果是不利于自身的，那就忘掉它。实验表明，某些行为人们只要坚持 21 天就可以形成一个习惯。在 21 天的时间里，不断地和那些坏的习惯、思想告别，在第 22 天，你一定会发现一个你从来没见过的自己。

🔊 励志语录

让自己带上自我"刷新"功能，别让昨天的不如意阻挡未来渴望的脚步。每个人都能让自己不停重生。

要想汇集成美丽的浪花，必须经过一次次的礁石碰撞，必须让你的身体遭受痛楚。只有经历过一次次的困苦煎熬，才能出现美丽的浪花！

7

▶️ 命运不靠运气，而靠选择；机遇不靠等待，而靠把握。有风雨洗礼才能出现美丽的彩虹；有失败磨炼才会尝到成功的喜悦。要改变命运，先改变观念。不要迷茫地走在路上，看不见前面的希望；不要苟安于当下生活，不知道明天的方向。

走过人生三十几个年头，越发明白，生活如同一台老虎机，你永远不知道下一刻会蹦出什么来，唯有告诉自己：这一刻好运，下一刻更好运。而这个心态就是对自己的那份笃定。

小时候我就是那种视读书为"儿戏"的人，痴迷玩乐，痴迷自由，放任自己淘气顽劣和不思进取。父母的苦口婆心、劝说、责备无果，就会比较，"你看谁谁谁多么厉害，你咋就不跟着学学呢"。而这样的言论，在我看来无疑是一种"贬低"，父母羡慕的或是期待的应该是"别人家的孩子"。所以，这一招对我根本不灵。我依然是上学不好好学习，放了学就更不想着天天向上。

淘气、疯闹是我的常态，八九岁的时候跟同学追逐打闹，把手摔骨折，养伤的日子觉得生活太美好了，无拘无束，连思想也开始变得天马行空起来。

初中时候，我就带着一帮同学逃课。逃到哪里？游戏厅。那时候不知道游戏厅里是胜少输多的，平时输小钱，过年就开始输大钱，这个大钱就是亲戚给的压岁钱，最后变成了"游戏厅瘾君子"，疯狂的时候能输掉上千元。

现在回想当初，觉得自己那时游戏了人生最好的光阴，假如一寸光阴真等于一寸金，我大概浪费掉了好几个亿的黄金。少不更事的不学无术，输掉的是时间，换来的是散漫的心态。

我不鼓励大家不学无术，人在适合的年龄做适合的事，才是正确的价值观，才是常态。而我属于那种不正常的小众人群，从小没有把学习当成多么重要的事，当年父母苦口婆心，而我内心也有一个声音，认为自己不是读书的料，但会在其他方面有料。

我一直都认为，我不属于学校，学校之外才是我的天堂。在那里，我可以创立自己的一番事业，可是事实却不是这样！

虽然当时我并不知道自己究竟要干什么，可是我还是毫不犹豫地退学了。

走出校门的那一刻，我感到异常的失落，产生了回去的想法。不读书，我有什么出路呢？可是，碍于情面，为了不让自己在同学面前丢面子，为了保持"老大"的"洒脱"，我离开学校的时候，留给老师和同学一个"潇洒"的背影。

校园生活"光荣"结束了以后，我才发现，社会是一所真正的大学。

离开校门注定没有了那张人人向往又拼尽全力想要拿到的大学文凭。作为一个初中生，在满世界都是硕士、博士、海归的人潮中，就像一粒沙子被扔在了海滩上，连自己都被扔蒙了。这就是人生和社会，茫茫人海，每天上演着潮起潮落。周围全是与你呼吸着相同空气却又与你毫不相干的人。那一刻我才明白了老虎机的真正含义，胜少输多的游戏规则就像我辍学后找不到方向的状态，我的人生是不是也一定是胜少输多呢？

而我始终相信，老天不会丢下一个辍学的人。虽然我是一粒毫不起眼的沙，谁说未来不会变成一颗珍珠呢？所以，信念支撑了我，虽然没有一块敲门的砖，但是靠着自己的勤奋和努力跨进了很多行业的门，活出了精彩的自己。

我是倔强的，学校里的懈怠与大意，变成了我走上社会的觉醒，一刻也没敢在社会上闲逛，怕把自己逛废了。记得读《李嘉诚传》的时候，知道他是全球华人的骄傲，而他只有小学学历。

我想，英雄是不问出处的。

他曾说过："我们的社会中没有大学文凭、白手起家而终成大业的人不计其数，其中的优秀企业家群体更是引人注目。他们通过自己的活动为社会作贡献，社会也回报他们以崇高荣誉和巨额财富。"

这话让我热血沸腾。

李嘉诚有过不幸的家庭，父亲离世，遭遇战争，寄居在舅父庄静庵的中南钟表公司当泡茶、扫地的小学徒。而最后他的成功让全世界瞩目，并且成为一个真正的慈善家，自利利他。

被称为"玻璃大王"和"慈善大王"的曹德旺先生，9岁才上学，到14岁就被迫辍学。为了谋生，在街头卖过烟丝、贩过水果、拉过板车、修过自行车，经年累月食不果腹，在歧视者的白眼下艰难谋生，尝遍了常人难以想象的艰辛。早年的这些苦难，让曹德旺过早地体会到了人世间的冷暖，也磨砺了他坚韧的性格。他坚信，靠勤劳的双手能改变命运，他要让全家人"把日子过得好一点"。事实证明了，他不但让全家把日子过好了，还收获了赞誉和财富。

学历很重要。因为学历代表着一个人知识的积累和求知的过程。不是所有的人都能有幸迈进大学校门，也不是所有人都能拿到货真价实的学历文凭。没有敲门砖的我们难道就眼睁睁等着吃闭门羹吗？绝对不是。

当我站在讲台上做培训的时候，我都会这样告诫年轻人：不要让自己过早地离开校园，尤其是中学阶段。社会是所大学不假，但真正能像在学校里那样的岁月也将随着退学而结束。社会是所没有围墙的大学，但需要的约束更多，那就是对自己的约束。

再没有人像父母当年唠叨你那样让你上进，找工作，你不学无术就会被拒之门外；给人打工，你不上进就会被炒了鱿鱼；当老板，你思维不前进，知识不更新就会被社会和经济浪潮吞没；
作为一个演讲师，你不旁征博引，演讲就不会出彩。

🔊 **励志语录**

英雄不问出处，是他笃定能当英雄，以及真正当上以后才
不问出处。

学习是一种修行，离开校门才刚刚开始。

越折腾越成长。成长是一辈子的事，需要时间、需要事件、需要经历、需要历练！活着就是成长的过程。

退学的最初几天，感觉天一下宽了，呼吸也变得顺畅起来，一种自由让我有了说不出的轻松，以为从此鸟归林，鱼入海。每天睡觉睡到自然醒，再也不用担心完不成作业让老师批，也不用愁考不到好成绩让父母烦。每天窝在家里看《古惑仔》，然后还按照他们的样子给自己染了个黄毛。仿照当年最流行的郭富城发型给自己也搞了一个，整天吹着口哨，手插裤兜，一副街头小混混的样儿，觉得自己了不得。

可是，一段时间之后这种自由和自己认为的牛很快被一种空虚和失落感代替。看着同龄人不是在上学，就是在上学或放学的路上，而我终于过上了像考拉一样的日子，不用思考，睡了吃，吃了睡，日子过得一点目的性都没有。

少不更事的当时，虽然有了一点点空虚，但并没有恐慌。加之，家庭条件尚可，并没有太多的压力。

事实上，现在才发现，当时的自己混的不是日子，而是自己。每个人从小到大，多多少少都会被叮嘱，不要虚度光阴。上学的

13

时候，很多老师都会这样告诫自己的学生：不要混日子；职场中，很多老人都会告诫新人：不要混日子。可是，很多人却没有意识到自己就是在混日子。

出生到这个世界，世界就赋予了我们各种各样的角色。可是，并不是说每个人都能演绎好自己的角色。很多的时候，我们迷失了自己，在一天又一天地混日子。很多混日子的人并不清楚自己到底在做些什么，想些什么，他们没有目标，没有理想，对他们来说只要有吃有住就是幸福。混日子的人总是想着过一天算一天，趁着年轻赶快玩，要不以后就没机会了，其实是这样吗？不是！

每个人都有自己的理想、自己的生活乐趣，正是因为每个人都不一样才会有各种职业、各种角色和各种目标。理想是人生的奋斗目标，是对未来生活的追求，是对美好前程的向往，对一个人的成长具有重要意义。

有了理想，我们就会朝着既定的方向迈进，就会在事业上创造出伟大的成绩。而且追求的目标越高，才能发展得越快，对社会就越有益；反之，如果没有理想，就会失去前进的方向和动力。

一个没有远大理想的人，不管他的智力有多好，不管他的背景有多深厚，都不可能有很大的成就。做事情的时候，如果容易满足，进取心不强，是很难再上新台阶的。而一个从小志向远大的人，对任何事都不会满足于现状，他们会追求完美、追求最高境界，在取得一定成绩之后，会有更上一层楼的决心和气概。这样的人不成功于此，必成功于彼，而且，成功的概率也往往很大。

你是愿意做个有理想的人呢，还是愿意混日子呢？年轻人要好好地分析一下自己的心理因素，如果你想让自己的人生有些意义，就要尝试着从工作中寻找到乐趣，如果你最终仍然不能寻找到理想，那么不妨离开它，重新寻找一份能够引起你兴趣和激发你激情的工作，让你的人生活出意义来。如果依然抱着"做一天和尚撞一天钟"的态度混日子，不思进取，不思改变，你的这一生也就完了。

为了不让我提前报废，父母有意无意提点我，让我找点儿事做。本来我是想按照父母生活的样子继续生活的，因为他们是做小生意的，我也想从小老板干起。可是，父母并没有强烈赞同，而是希望我通过别的途径实现自己的理想。

有一次，爸妈听说邻居家有个孩子在上海学习动画制作，学得不错，毕业之后，一个月可以挣到四五千。爸妈心动了，让我去学习。想到自己在家里没有什么事情可干，自己终于有事可干了，我就爽快地答应了。

15岁独自一人去了上海，怀揣着爸爸当时给的六百块钱，当时，六百块钱已经非常多了。而真实的上海社会，才是活生生可触摸的大上海，只有亲历了才觉得电影中描述的场景真实不虚，或者更残酷。到上海的第一天光买学习工具就花了四百多。没过三天，就把六百块钱花完了。没办法，只好回家又和爸妈要。

回到家中，父母用非常奇怪的眼光看着我，问："你怎么回来了？"我无奈地对他们说："上海消费水平实在是太高了，钱都花光了。"没办法，爸妈只好又给了我五百块钱。拿着这些钱，我重新踏上了去上海的汽车。

花花绿绿的现实世界让我眼花，同样，花花绿绿的现实世界也让我别扭，每天，从早上 8 点到晚上 11 点，我都要坐在凳子上拿着笔，画来画去，对于生性好动的我来说，无疑是一种折磨，学了不到一年我就坚持不下去了……

不可否认，这是我的第一次试错。因为画画是父母想让我做的，而不是自己真心喜欢的。

其实，很多人都和我一样，很多时候都在做自己不感兴趣的事情。当他们面临不感兴趣的事情时，很容易在压力下产生消极情绪，消极应对，结果呢，难免要面对不利的后果。

对于自己喜欢做的事情，我们常常会充满热情地把它做好，而对于那些自己不喜欢做的事情，我们往往就会少一些关注。

在职场中，我们也会面对自己不感兴趣的工作，比如：整理枯燥乏味的数据、会见俗不可耐的客户、撰写千篇一律的文章……这些都是职场中无法回避的事情。怎么办呢？如果你感到紧张、沮丧、拖延、回避或敷衍等，结果往往都不太好。

不过，所有人在做出成绩之前，无不是一次又一次的试错。

发现错了不要紧，返回来重新出发。

小时候在学校里，我每天都会跑到小区的理发店去玩。那时候，我觉得做一个发型师挺了不起的。原本一个凌乱的头型，经过发型师的改造，立刻就会呈现出不一样的感觉。

我觉得发型师真的很酷，而且很多发型师自身形象都很帅，我就自认为，如果我做美发，应该也不错。

过完年，我重新回到了上海，有个发廊的朋友问我："想不想学习美发？"他话音刚落，我就说："好呀！"于是，我便放弃了画画的学习。从拿着笔画画改为拿着喷壶给客人洗头，我幻想着有一天手里飞舞着剪刀，给客人设计发型。

那时候，我是瞒着父母改行去做美发的，父母知道后很不理解，经过我的劝说，终于被说服了。那时候，我第一次给自己设定目标：18 岁一定要成为美发店老板。

可技术一点都不懂。我决定自己先找个美发店，跟个老师傅学习一段时间，然后再自己单独做。当时，我为自己做的规划很简单，没有想太多，就开始行动了。可是，让我没有想到的是，美发学徒真不是那么好当的！

我第一次学习理发的地方是上海七宝万科的一家美发店，这种美发店一般都招收学徒工。当我被对方接收了之后，兴奋了整个晚上。

第一天，我兴致勃勃地来到店里。老板安排我在门口迎接客人，如果有需要就帮客人洗头。这天，我在店里足足站了一整天，两只脚站得一点知觉都没有了。可是，我却没有觉得多累，倒是觉得挺好玩的。

就这样，2个月的时间很快就过去了。每天的动作都一样，先是在门口站岗，有客人来的时候负责给客人洗发……虽然做的事情很多，但一点工资都没有。我起初很不甘心，可是一想是自己选择的，而且自己还是个学徒，也就没什么可抱怨的了。

一天天机械地工作，我又开始动摇，这样离我18岁当老板的目标也相差太远了。一天，师傅在给客人做颜色的时候，我在一边观看。

师傅的手法非常娴熟，我心中不由得升起一股敬佩，于是便顺口问了一下："师傅，如果我要学会做颜色大概要多长时间？"师傅一边做一边说："三年！"

听到这样的答案，我彻底绝望了，做颜色都要学三年，那么如果想出师不得猴年马月了？所以，我最后放弃了。

其实，如果当时能够坚持下来，自己也许真能学上一些东西。可是，那时候的我却不懂得任何技能的学习都需要时间的积累。

两次试错的经历，让我收获了很多东西。第一，人一定要选择自己喜欢的事情，这样才会有坚持下去的信心。第二，即使选错了，也为时不晚，不要为了将就，把自己束缚在一个不喜欢的行业里，那样不但干不出成绩，还会错失新的机会。

在每个人的人生中，时时刻刻都在面临选择，有选择，必然就有放弃。

懂得放弃，是人生的一大财富。懂得放弃的人，不会过分计较眼前的得失，他们的心胸宽广，眼光远大；他们会把暂时的放弃，当成是更进一步的阶梯，为发展积蓄能量，为成功奠定基础；懂得放弃的人，知道该放弃什么，不该放弃什么，在任何情况下都能坚持自己的信仰，把握人生的方向。

放弃是一种境界！懂得放弃的人，一般都心静如水，对于身外之物不会有非分之想。

因为，在我看来，最好的成长就是不断试错，然后再回归正途。

励志语录

给自己几次试错的机会，不怕错，怕在不敢试错。

会放弃一种东西比会坚守一种东西更可贵，放下才能走得更远。

最好的成长是错过，然后总结经验，这样才不盲目。

一辈子很短，如白驹过隙，莫要辜负好时光，莫要停下学习的脚步。学习，能够弥补先天的不足，通过学习来改变自己，提升自己。缺点一旦被克服就成为一个优点，并且爆发出无限的潜能。

画画没学成，美发学徒没当好，这让我对于脱离校门走上社会有了新的认识，原来在学校里第一学期考不好，第二学期可重来，而社会很少给自己这种免费重修的机会。

我第一次真实地体验到了社会的残酷。可是，虽然心里受到了一点挫折，但我的梦还在。

晚上睡在床上，仔细想了想，我还是很倾向于当一个美发师，放弃学画画我没有不甘心，而不学美发让自己有了遗憾。于是，最后决定找个专业点的学校去学习美发。我觉得，这样会学习得更快一点。

几经周折，我找到了一家美发学校，立刻就报了名。父母给交了将近一万元的学费。那么多的钱，父母为了让我学有所成，眉头都没皱一下。父母或许舍不得花钱吃穿，而在孩子身上，他们往往都能倾其所有。现在想起来，我能有今天的成绩，最应该感谢的是我的父母，是他们用无私的爱为我拓宽了奋斗的路。是他们给了我自由的生命和快乐的生活，并在我需要帮助的时候给予了积极的支持。

有些孩子很幸福，因为他们的父母很爱他们，他们也懂得关心父母；有些孩子误解了父母，他们总是认为父母不爱他，所以对父母就很冷淡。

父母的爱无处不在：前行时，父母的爱是一块垫脚的石头；迷失时，父母的爱是一盏指路灯；受伤时，父母的爱是一剂疗伤良药……正是父母无微不至地呵护着我们，我们才渐渐变得勇敢、坚强。

父母是我们的恩人，他们关注着我们的生活、学习，是我们的守护神。父母是我们每个人最大的精神支柱，不管是在小时候，还是在我们长大成人之后，父母都会对我们无怨无悔地付出。

就这样，带着父母对我默默的支持和爱，我的学习生涯开始了。

在美发学校里学习要比发廊里好很多，比如：当学徒的时候就是给别人洗头，到了学校就能拿着剪刀去学习剪发了。每天学着自己喜欢的东西，我的内心感到异常充实。有时候，即使是睡着了，我也会偷着乐，觉得自己就像是做了一个全世界最为正确的决定。

刚开始拿起剪刀剪头发时，还有点紧张，毕竟我的技艺不是很好。可是，只要能拿起剪刀，对我来说，就是一种莫大的喜悦。伴着学习的欢欣，和同学间的欢笑，一个月的时间很过就过去了。

有了退学经历和放弃画画的经历，我改了很多，从原来那种游手好闲变得好学上进。我觉得，既然拿着父母的钱，又学着自己喜欢学的事，再荒废就有些烂泥扶不上墙的意味了。

或者是由于"本性难移"，或者是三分钟热度，我前一个月还给自己打鸡血要好好努力，可经过一个多月的学习，我跟同学的关系混得都很熟了，慢慢地又回到了曾经的状态：上课不想认真听课，偶尔还会旷课，完全忘记了自己当初暗暗发下的誓。

就这样，三个月的时间一晃而过。我觉得自己已经将美发的知识全部掌握了，飘飘然，变得有点狂妄了。

现在想想，那时候我哪里会剪头呀，只不过是一种自我感觉罢了。所以，每次给别人做培训的时候，我都会说："全国80%学习美发的人都是一看就懂，一听就会，但是一做就错。"

无论是哪个行业，都是如此。你认为很容易就上手的，往往是得到一点点皮毛而已。学习如此，工作亦如此。

现在想想，我当时的学习态度简直是太差了，依然是"少年无知"。

任何知识的学习，开始的时候我们接触的都是皮毛，要想真正掌握一门技术，必须经过长时间的学习和实践。在我们身边，有些人偶然学到了一些知识性的东西，就以为自己掌握了全部，变得心浮气躁，让自己飘起来。这样的学习态度是错误的！学习需要的是踏实，骄傲自大的人是不会有什么成绩的！

学习是硬功夫、苦功夫，没有捷径可走，偷懒不得、飘浮不得、急躁不得，只有脚踏实地一步一个脚印地往前走，由浅入深、由简单到复杂，不断积累和深化，才能形成自己的知识链条和知识网络。

一个对自己都不实在的人，如何对待学习？所以，要想把学习这件事做好，必须先做一个踏踏实实、求真务实的人，只有这样，才可能坐下来认真学习。

美国19世纪思想家、诗人爱默生曾经说过："一心向着自己目标前进的人，整个世界都给他让路！"一个人事业的成功，是长年累月精益求精、一丝不苟奋斗的结果。一旦心浮气躁，干起活来就会安不下心，精力自然就很难集中，也就谈不上工作效率，更谈不上成就事业。

年轻人要拭去心灵深处的浮躁，将"不浮躁"作为日常的生活方式，作为事业发展的哲学，作为成长成功的人生态度。因为只有不浮躁才能没有妄念，才能不拘外欲，才能不妄为，才能离成功更近一步……一句话，无论是一个人、一个集体，只有不浮躁，才能走得更远。

5个月之后，我修完了课程，毕业离校。一想到自己终于能够单飞了，我感到非常高兴，其实我根本就不知道外面的世界究竟是个什么样子。我是个乐观主义者，遇到事情总会情不自禁地往好的方面去想，不断地给自己信心，相信自己一定可以做得更好！

进入一家理发店之后，我觉得到了自己大显身手的时机了。可是，事实并不像我们想象的那样简单。我在学校从来都没有学过男发，但每天光顾美发店的顾客男性占了相当一部分比例。由于对这方面一点都不懂，结果我惨遭淘汰。这就是我的第一份工作。

后来，我又打算出去找家小一点的美发店学习，幸运的是，我很快就找到了一家小店。

从总体上来说，这家小店还不错，老板待人很好，但这终究都不是我的梦想。干了一段时间之后，我便辞职了。

接着，我又找，又辞职；又找，又辞职……在后来的半年的时间里，我连续换了四家店，都没有坚持太长的时间，在这个店做一个月，在那个店干三个月，因为我觉得这样才能学到东西。

其实，我当时忽视了一个重要的问题——态度，试想，如果连好的学习态度都没有，怎么能学到东西呢？自己不停地跳来跳去，一点有用的知识都没有学到，只是增加了工作的经历。可是，这样的经历对我未来的发展又有何意义呢？

今天，很多人进入职场之后，经常会跳来跳去，有的是为了薪水，有的是为了更好的发展空间，有的是想做自己喜欢做的事情。可是，结果呢？一个人的态度会影响他的行为，最后产生差异化的结果。

这也是我在重新学习后最深刻的领悟。

很多事情之所以会产生不同的结果，其实根源都在于最初期个人对于事情的不同态度。不管做任何事情，首先都应该端正自己的态度。因为大量的事实告诉我们，事情成败的关键不在于客观因素，而在于自身的工作态度。

如果你想做一番事业，就应该把眼下的工作当作自己的事业，要有非做不可的使命感。

有些人认为自己志向远大，要做轰轰烈烈的大事，不适合做这些具体、琐碎的小事。可是，你有没有想过，如果你连这些琐碎、具体的事情都做不好，又怎么可能去做轰轰烈烈的大事呢？不管是在工作中，还是在生活中，只有以积极向上的态度来面对，不畏惧困难，才能战胜困难，有所成就。

📢 励志语录

学习是一种信仰，只要你选择，任何时候开始都不晚。

经历也是一种学习。

想做事很重要，做事的态度更重要。

▶▌很多人都在感叹和羡慕第一个吃螃蟹的人，但第一人凭的绝不仅仅是运气和机会，更多的是胆识、自信，唯有勇于突破自我的人，才能赢得人生的精彩。

一直以来，我都有个梦想，就是自己开一家美发店。2004 年的 8 月，那时候我刚满 18 岁，这个愿望终于实现了！在我们老家江苏省太仓市沙溪镇找了个 50 平方米的 2 楼门面开始了我人生第一次创业。

这是我自己真正经营美发店的开始，我的很多管理经验包括很多失败的教训都是从这里学习到的。

每个人都有自己的梦想！或伟大，或渺小，或远在天边，或触手可及……坚持不一定成功，但放弃一定会失败。所以，无论如何都要不放弃！

创业之初我们一共三个朋友合伙，小店红红火火开起来的时候，我还挺佩服自己的，当时下过决心要在 18 岁当老板，没想到一不小心实现了。所以，梦想一定要有，万一实现了呢?

开始做的三个月里，我们的生意都很好，每个月都能有两三万的收入。这个数字对于只有 18 岁的我来说，简直有点不可思议。我觉得自己非常了不起，做生意似乎没有传说中的那么难。

三个月后，我们三个人开始给自己的店扩张，在老家的步行街上开了一家发廊，这家发廊上下共三层，大约有 250 平方米。当时，我已经离开学校四年了，往日的同学都在上高中，他们怎么也想不到我一个月居然能赚这么多钱。不知不觉，内心的虚荣和膨胀，让自己开始有些飘飘然！

人一旦尝到创业的甜头，想要把脚步慢下来就不可能了。那时，我每天都在想如何把店做成连锁，如何复制自己的美发店。几个合作者也有这样的想法，最后大家一拍即合，很快就开始筹划。在这个过程中，我们发现自己存在很多的不足，于是就不断地去上海学习。

2005 年有一个连锁加盟特别火，我去那里学习了关于经营管理的课程，这是我第一次正式听管理方面的课程。听完课之后，我的潜能立刻就被唤醒了，觉得浑身上下都充满了能量。

当时，这个课程是可以加盟的，只要交 34000 元的加盟费，就可以让公司 20 个员工去学习。通过加盟，不仅可以让我们的员工得到培养，还能通过持续的学习来复制美发店，将自己的美发店做大做强。想到这些好处，我便有了加盟的打算。

可是，那时候的我基本上是"月光族"，没有多少存款——银行账户里只有2万多。我粗略地估算了一下，大概需要7万块的费用。如何来筹集这笔加盟费呢？如果让员工自己掏钱去学习，是不大可能实现的。

当时我比较固执，固执地认为加盟一定会对我有帮助。回家后，便和合伙人进行商量，也和员工开了一下会。听完我的讲述之后，大家都显得很兴奋，可是一谈到钱就没有人吭声了。

没办法，为了公司的长期发展，我只好硬着头皮借钱了。首先，我去的是姑姑家。当我将自己的想法和姑姑说出来之后，姑姑和姑父说："你已经被人洗脑了，而且洗得太干净，简直是中毒了。清醒点，不要轻信别人的话！"自然，我的借钱计划泡汤了。但我依然坚持自己的想法，鼓励自己一定要筹到钱去加盟。

就这样，三天之后，东拼西凑还差三万，怎么办？最后，通过熟人介绍，我找朋友借了三万块的外债。那时候，我做事情比较冲动，根本就没考虑过什么后果，更没有想过自己如果还不上外债该怎么办。

钱够了，疯狂的行动就这样开始了！全店关门，到上海去学习！现在想想，真有点说不出来的意味。不过，我觉得还是非常值得的！

人们常说，"冲动是魔鬼"。冲动的人，一般做事都容易感情化、情绪化，做事情的时候很容易失去理智，容易犯错误。当一个人冲动时，全部的注意力都集中在导致他冲动的这一件事情上，对于其他的诸如后果之类的问题根本就没有时间去考虑。

第一次带领全体员工去听课，取得了非常好的效果。当时在整个美发行业看来，老板对技术的要求一般都比较高，可是很少有懂经营管理的，这是现在美发市场的一大空缺，也为我以后在美发行业的管理培训打下了基础。

这次学习让我发生了很大的改变。我不仅掌握了心态调整的方法，还懂得了很多管理技巧，每个人的脸上都洋溢着开心的笑容。

那段时间，我和所有员工都在一起学习，吃住都在一起，在这一个月的相处中，团队的协作能力、向心力有了明显的提升，这是我最想看到的一面。

回来之后，大家都铆足了干劲。根据学习到的知识我们将店里的运作模式做了更改，第一个月我们就做了15万的业绩，大家都热情洋溢，我第一次发现自己的战略是有效的！

职业发展的道路中，我们都会因为知识结构缺陷、怀才不遇等种种原因遭遇到"瓶颈期""天花板"，而处于这段时期的人常常会感觉晋升无望、加薪艰难。其实，"活到老，学到老"无疑是突破职场瓶颈期的一种有效手段。

正在我对自己的事业前景充满信心的时候，结果，三个合伙人和我出现了意见分歧，大家都是好朋友，我也能理解他们的顾虑，便一起吃了顿饭，好聚好散。

我知道，不能合作了，大家依然可以做朋友，于是好聚好散。如果撕破脸，对各方都没有好处。

"好聚好散"永远是创业伙伴应该追求的目标。在合作时，应该依靠契约精神和信任"风雨同舟"。当发现彼此不合适时，也可以在满足创业伙伴合理权益的条件下，友好地分手。

今天职场中，有些跳槽的人离职的时候会和老板撕破脸，会对老板牢骚满腹，会滔滔不绝地表达即将离职是何等高兴，会做一些可能有损你与雇主关系的事。

其实，根本没有必要这样做。你计划跳槽去的那家公司也许会找到你以前的老板或是同事，通过他们了解你的工作表现和人际关系。今天，背景调查已经成为一项重要环节。如果你在离职期间表现得很糟糕，那么你获得新工作的概率可能会因此而降低。

没有了合伙人，所有的工作都要我一个人来负责，虽然感觉有点累，可是怀着对梦想的渴望、对成功的渴望，我决定从头开始。

分家之后，我依然是满怀激情地去做事情，这可能是我性格中最优异的一点。不管在什么情况下，我都能保持积极正面的心态，激情满怀。

有一次培训回来之后，我特别有激情。我一个人待在店里，想着如何把店做好，发展连锁。或许是由于自己太兴奋了，虽然每天只睡3个小时却没感到一点疲惫，真是疯狂，结果呢，这种状况持续了一个星期后，因为体力透支，我就直接进医院了。

医生检查后，说："没有什么问题，只是缺少睡眠。"于是，便给我打了两瓶葡萄糖。

可笑的是，由于当时我太累了，打点滴的时候居然就睡着了。而且，还保持着平时休息时的样子，双手交叉，结果点滴没有打进去，手肿得像馒头一样。

今天，我真的很怀念那种感觉，在夜深人静的时候我经常会想起这些曾经发生在自己身上的故事，为自己莫名地感动。在那些默默努力的日子里，我始终都坚信，自己一定可以成功，回忆那种又酸又甜的感觉，真好！

一般人可能认为，成功只需要一个聪明的脑袋，但事实上，对于大多数成功者来讲，聪明并不是第一位的，更重要的是激情与坚守。研究表明：做事要有激情，才不会疲倦。

　　激情，是工作的灵魂，对于成功者来说是相当重要的。激情是奋斗的动力，带着激情去工作，就会自我加压，激发干劲，产生韧劲，获取动力。

📢 励志语录

　　梦想一定要有，万一实现了呢？

　　想当管理者，要让员工一起提高，那样管理起来才容易。

▶️ **你决心要成为"花王"，就必须明白花开需要具备哪些前期的准备，没有播种、施肥、浇水、杀虫、修剪，就不会有生根、发芽、长枝、开花。**

　　理发店独自经营一年后，我觉得自己的店做得很不错，就想模仿别人去做连锁。当时，我以为只要对现在的店进行复制就可以了，根本就没有想到里面会涉及很多团队建设的问题。

　　我和别人合作，开了一家 300 平方米的店。可是由于没有找到合适的管理者，这家店仅仅经营了 3 个月就让我感觉身心疲惫，意识到了管理的重要性。

　　对于管理的重要性，我最初的认识不足。认为招来员工，给他们开工资，他们好好干，这不是很简单吗？事实上，我的确把管理想得太简单了。管理工作看似简单，实则繁难；看似轻松，实则艰辛；看似风光，实则委屈；看似可有可无，实则是企业灵魂所在。

　　在我们这一行，早期的人才培养属于野蛮式成长，大部分从业人员进入美容美发行业后基本属于自生自灭。美容美发行业的培训机制不完善，无法确保新员工快速上岗，大部分员工技术不过关，导致美容美发服务、技术质量问题频出。有了问题直接导致客户满意度下降，因服务质量导致员工超时工作，影响身心健康和行业成就感，也间接加速员工离职。很多美容美发行业的老总和店长事必躬亲，不能也不敢放权，日夜辛苦工作，以致累得叫苦不迭，苦又找不到解决方法。也有很多同行管理者发出强将手下无强将，能人手下无能人的感慨。

其实，从事这一行并不缺少人才，而是缺少发现人才的企业和领导。多数美容美发行业企业把新招聘的员工交给用人部门主管，主管交给组长，组长再交给师傅，一层交一层后，新员工完全靠自己悟性去生存和体会，没有培养计划，没有测评标准，没有定期沟通，没有反馈。

悟性好的新员工，上手可能较快，悟性不好的员工，很长时间都不能掌握技术要领。每个人天赋不同，接受新事物的时间和熟悉程度也有差异，加上不同级别的师傅带不同的徒弟，差异化和水平参差不齐会更加明显。这种师傅带徒弟的培训方法也不是最好的培训方法，存在的弊病显而易见。

我明白了管理的重要性，也谙熟了美容美发行业的管理和人员流动问题，决计继续干。

我就是一个不达目标不罢休的人，几个月之后，我又有了连锁的想法，可能是上次的事情刺激到了我，我偏执地一定要开成连锁，开不成绝不罢休！

我一厢情愿地认为，只要将连锁店的规模扩大，生意就会不错，开的店越多越好。

因为自身文化水平不高，所以想起问题来也就很简单，并没有想到里面会涉及一些重要的问题，比如：商业模式。我还认为，投资越多，回报就越高……现在想想，当时的自己真是把问题想简单了。

一个店发展到一定程度，创始人自身便会成为企业发展的瓶颈。美发店老板作为个体经商者，大多以最小的代价追求最大的利润，目的性强，在利益面前不择手段，甚至没有底线。

这样的做法让员工认为无时无刻不在经受老板的盘剥。客户认为这种经营法则就是赤裸裸的商人，这样的管理者急功近利，不善积累，只管当前盈利，不会考虑长期的发展。美容美发行业企业没有形成制度，没有固化流程，没有工作模板，只有灵活和耍小聪明，无法长久提升和保持员工对美容美发行业企业和老板的满意度和忠诚度。即使一个股东出资再多，员工再多，充其量也属于大个体户，而不是现代企业。

很多人都想白手起家，都想去当老板，都想赚很多钱，可很少有人能把这种设想做出一个有可行性的模式来。如果掌握了商业模式，就能为自己的行动画出一幅蓝图，从而对实施的行动进行检验，做出成绩。

我分析了整个行业的状态以后，很快就开了一家店，这是我的连锁店的标志店。开张的时候，我的心里别提有多高兴了，每个月能够净赚 3—5 万，效益还是不错的。可是，很多自我感觉良好的时候，才是最不好的时候。

有一天，朋友介绍说，市里有家 400 平方米的店要转让，地理位置很不错，而且房租是季付。

我大概计算了一下，12 万就可以搞定。这简直就是天上掉下来的大馅饼，我感觉老天似乎就是在帮我。于是，我便租下了这家店。我打算利用三个月的时间把这家店做成，想到自己现有的两家发廊比较稳定，所以我也就对自己多了一份信心！

店面租下来之后，我们便进行了整体的装修。很多员工都想到新店去上班，当时我只有 40 个员工，如果平均分到三家店，无论哪家的人手都不够。我也没想出什么好办法，只能一边招人，一边"拆墙"。装修好的第二天，这家店就开业了。第一天便取得了不错的收入……就这样我的第三家店也运作起来。

开始的一段时间，三家店的经营都没什么问题，虽然没有招到什么合适的人，可是我并没有太多的担心。可是，没过一个星期，老店就出问题了。很多员工都觉得，在老店没有在其他两家店赚得多。由于有了这样的想法，员工的积极性大减，上班时候懒懒散散，眼神麻木，没了生气和活力。

当我了解到这个情况以后，不知道怎么办了。员工的底薪是根据不同职位规定的，除此外还有一些提成，也就是说，店铺生意越好，员工的工资越高。不可否认，其他两家店生意确实是稍微好一点。

我知道，如果不将这个棘手的问题处理好，跟我出生入死的老员工就会对店、对我失去信心，这是最可怕的。最后，我便想出来一个办法——将所有的员工在三家店之间调动，让他们亲身去验证自己的想法。事实证明，这个方法很有效，员工再也没有什么可以抱怨的了，终于又恢复了常态，我也稍微能喘口气了。

今天的企业中，繁忙似乎掩盖了一切。老板没有时间来和员工坐下来，面对面沟通，而员工似乎也不太愿意向老板们倾吐自己的真实想法，因为觉得没有效果。

我认为作为一个管理者，员工的存在就是价值，离开就是伤害。不是我们能赚到钱就好了，其他事情一律不想。如果领导者只想赚了利润走人，拿了利益自己享受，其他一概不考虑，那么企业走不长远。老板有钱了，下面的员工怎么办？难道他们再重新创业，再找一家公司从头开始吗？人家付出了 10 年、20 年，甚至更长的青春给企业，企业要做出什么样的承诺才能回馈员工的付出？这是每一个管理者该认真考虑的问题。

作为一名管理者，如果能倾听员工的声音，你就会树立起真正的威信，员工自然会向你敞开心扉，诉说衷肠。这样的话，你就不用再发愁员工在面对你的时候封锁自己的心门，有话不说了。

由于3家店都是自己的，没有其他的股东，因此也就少了可以帮助我的人。那时候，就连我的管理水平都非常有限，更别说店长了。

为了监督工作，我便雇了一辆车，每天都在三个店之间来回跑。我一到店里，员工的态度就会认真起来。可是，这边刚走，他们立刻又懒散了。我挺生气的，每天都像赶场一样，不知道的人还以为我是多大腕呢，其实呢，里面的苦楚只有自己知道。

慢慢地，我便对发展连锁店有了点体会：创业不是有激情就可以了，还要有团队。没有完美的个人，只有完美的团队。现在想想自己当时的决定，就像是一个冷笑话。

现在的创业，仅仅一个人是无论如何也不会发展起来的。不管你正在从事哪一领域，创新的有效期是非常短的，如果你能开发出特别吸引用户的功能，产品就可以一夜成名，同样很快就会过时。

老店的生意越来越不好，我就和一个朋友商量，想合作增加美容项目。老店主要以美发为主，加一些美容的内容到里面去，或许会更好一点。最后，我们决定试试。可是，仅装修和产品就花了将近 4 万。

其实，我自己对美容一点也不懂，朋友也是刚刚从学校毕业的。结果，三个月我们只接到 10 个顾客，我们的美容想法失败了！梦想因此破灭！

在看别人创业的故事的时候，不能肤浅地看到成功的表面，其实背后的努力才是最重要的。这是我的教训，每一个做美发的朋友都不要做这样冲动的事情。

成功者心中都有一把丈量自己的尺子，知道自己该干什么，不该干什么。比尔·盖茨说过一句话："做自己最擅长的事。"

美容店的失败，让我深刻体会了什么是隔行如隔山，尽管社会生活中的各行各业是紧密地联系在一起的，但是每个行业之间存在着许多你看得见与看不见的隔阂和区别，每个行业都有其自身的经营之道。所以，无论你是久经商场，或是初出茅庐，如果创业要涉足一个你自己并不熟悉的领域，一定要慎之又慎，绝对不能盲目跟从。

人真的很有意思，当店做不起来的时候，什么样的想法都能想出来。因为生意越来越差，我只能想办法去挽救，别无他法，盈利是必需的。

一次很偶然的机会，在和朋友聊天时，他说想和女朋友开一个服装店，正在找店面。

　　我考虑了一下，便决定和他们一起开。在步行街，每天的人流量都非常大，而且隔壁的服装店生意也特别好，我们一定能做起来。就这样，简单计划了一下，我们就决定干了。

　　我们的行动力还是很强的，从有想法到开始行动只用了两天时间，第三天，就开始装修、进货了。我将服装店定位于走时尚路线，主要以青年人为主，越潮越好。店铺装修好后，我们就到上海七浦路进货。

　　第一次进货很有意思，上海七浦路批发市场好看的衣服实在是太多，光进货就花了3万多，我还给自己抢购了不少东西。可是，或许是给服装店的定位太高，这些衣服在我们店里不是很好卖，而且很多只适合我们发廊的人。最后，衣服对外没卖出多少，反倒成了3家店员工的指定服装店。更搞笑的是，员工到店里买衣服都是赊账。开了几个月，几乎都处于亏损状态。看到这样的经营状况，我就有点担忧了。

　　这些事情已经过去很长时间了，想想以前，那哪里叫做生意。生意不好就开始胡思乱想，只要店里生意不好就装修，一年一家店前前后后装修了3次，真是冤枉呀！

　　现在，我自己都不知道当时是怎么想的……可是，正是这些不知所措的经历才丰富了我的人生，让我在这些事情的过程中一点点成长起来。

不过，对于创业者来说，经历就是一笔巨大的财富，是任何东西都无法替代的。

任何经历，无论是成功的还是失败的，总会在你人生的轨迹上留下些许痕迹，让你在蓦然回首时从中受益。当有一天我们回首往事，回首人生之路时，是丰富多彩还是苍白一片，是辉煌灿烂还是风尘弥漫，这取决于昨天的我们究竟到过什么地方，做过哪些事情，有过什么追求，取得过哪些成绩。

励志语录

每个人都有长项，也有短板，而往往决定成功的是短板，补齐短板，发扬长项，才能加大成功的概率，而不是跟风。

读书，做事，阅人，经历，都能放大格局。

任何经历，无论是成功的还是失败的，总会在你人生的轨迹上留下些许痕迹，让你在蓦然回首时从中受益。

⏭ **去往目的地的路上多走了一些弯路，不要觉得冤枉，人生中偶尔走一些弯路往往也会让我们得到意想不到的收获。况且正如我们脚下所走的路一样，人生没有笔直大道，弯弯曲曲才是真正的人生之路。**

　　人之一生，既有受人艳羡之时，亦有遭人白眼之时；既有春风得意之时，亦有失意落魄之时。虽然我们绝大多数的人并不喜欢失意，但没有人会一直得意，失意有时候来得让人猝不及防。而我的失意或者说曾走过的一段弯路，皆来自我的"骄傲和自满"。

　　经常有人说，"胜不骄，败不馁"。事实上，能做到败不馁的不多，做到胜不骄的更少。

　　骄傲不是使人落后的问题，骄傲和自信两者很难区分，特别是在人们有成绩、有成就、有地位的时候。自信和骄傲就在一念之间。

　　当时，由于在老家开的店很火，我也变得小有名气，经常有人"强哥""强哥"地叫，我就慢慢地飘了起来。每天，我都会跟一些社会上的朋友去 KTV、酒吧疯狂地玩，从晚上玩到天亮，醉醺醺地回家。

在灯红酒绿中，每次喝酒我都喝得找不到北了。我也不知道自己怎么了，像是已经习惯了泡吧的生活，其他事情也没心思去做了。

有一天，一个朋友和我说："阿强，我私下组了个局，有空去看看。"

我也没多想什么，就答应了。而且，几天后我真的去了。

第一天，牌都没有摸一下，我就输了38000块。看到这个数字，我简直要疯掉了。要知道，我的美发店一个月才能赚到这么多。看到别人大把大把地赢钱，我更急了。在回家的路上，我安慰自己说："今天运气背了点，明天一定会好的，一定能连本带利赚回来。"

现在想，如果我第二天没去的话，也许就不会有后面的事情了，可是我去了，而且又输得一塌糊涂。为了连本带利地赢回来，第三天我又去了，可结果还是一样……就这样一个星期之后，我一共输了50多万。

那天晚上，我在酒吧一杯接一杯地喝酒，回来后一个人躺在床上，翻来覆去睡不着，甚至还想到了自杀。可是，一想到父母，我就放弃了。我觉得自己还年轻，输了50万有可能重新挣回来。

于是，白天我便出去借钱，晚上再跟朋友一起出去赌。由于借的钱比较多，我的心理压力非常大，心态也越来越差，运气就更别提了。就这样，不知不觉中我就输掉了 128 万，欠下了 70 万外债，自然而然，我也没有心思去经营发廊了。

说起赌博的危害，每个人可能都略知一二，我也了解一些，可是却成了一名受害者。

赌博就像吸毒一样，当你染上这种恶习之后，便会身不由己，越陷越深。要戒除赌瘾是一件很难的事，除非你有坚强的毅力，否则，你将很难抗拒赌博的诱惑。输者输红了眼，不服气、不甘心，不捞一把怎肯善罢甘休；赢者赢红了眼，尝到了不劳而获的甜头，怀揣大把的票子，当然很高兴，还想赢得更多。于是，仇人见面分外眼红，谁也不服谁，谁也不怕谁，赌注越下越多，胆子越赌越大……这样就容易陷入循环往复、难以自拔的恶性怪圈。

嗜赌者往往急功近利，他们想荣华、慕富贵、羡权势、好享受，但又不想付出辛勤的劳动，不愿抛洒汗水耕耘，更没有等待收获的耐心。可是，天下没有免费的午餐。

经常参与赌博活动，不仅会诱发严重的失眠、精神衰弱、记忆力下降等症状，还会严重损害当事人的心理健康，造成心理素质下降，道德品质下降。有些人甚至还会为了赌博而违法犯罪。因此，一定不要赌博。

有句话说得好：好走的路是下坡路。如果在人生的道路上不能约束和控制自己，而是放任自流，那么注定一事无成。在我们每天的生活中,都会充满各种诱惑。成功路上就好比西天求取真经,注定要经历九九八十一难。而我们自己的放任就是其中的一难,很多时候,打败我们的正是放纵的自己。

走下坡路的时候如遇鬼推,那种滑坡的感觉现在想起才觉得放纵自己是一种最愚蠢的活法。

那时,凭着自己手里有了闲钱,呼朋唤友,胡吃海喝。酒吧成了买醉的场所,赌局成了消遣的乐园。经由自己的努力靠双手赚来的钱,又经由自己的手不断打着水漂。更可怕的不是钱财的流失,还有奋斗的意志被摧垮。

那时候,每天都有很多催债的。我根本就不敢开手机,即使开机也是呼叫转移停机。

由于借了很多外债,放债的人到处找我。我担心到街上被别人认出来,只能将自己关在屋里,躺在床上。一方面,我不知道怎么去面对巨额的债务;另一方面,我害怕父母、朋友知道了这件事情。

感觉自己就像从一个意气风发的生意人变成了一只过街老鼠。而这只老鼠因为掉进了半满的米缸,意外让它喜不自禁。确定没有危险后,它便开始了在米缸里吃了睡、睡了吃的生活。很快,米缸就要见底了,可它终究还是摆脱不了大米的诱惑,继续留在缸里。最后,米吃完了,它才发现,跳出去只是做梦,一切都无能为力了。

在巨大的心理压力下，我变得精神恍惚，想吐却吐不出来。怎么办？怎么办？我一遍遍地问着自己……一天，一个朋友给我说："实在不行，就离开吧，出去避避风头再回来。"

其实，我也想过离开，但我不知道什么时候才能回来。一想到自己或许一辈子都不能回家了，我便不由自主地流下泪来。其实，人在感情最脆弱的时候是没有任何感觉的，只有最无助的眼泪。

我说："离开？去哪里呢？要走就走得远一点，该往哪儿走呢？而且，我身上也没有钱，怎么办呢？"朋友说："去青岛吧。"我沉默了一下，说："青岛我一个人也不认识，也从来没有去过，怎么生活呀？"可是一想到自己现在的处境，我便接受了朋友的建议。不管去哪里，我都必须尽快走！最后，我决定去青岛。

之后，我给朋友打电话说了自己的事情，他们也同意我出去避避风头，给我凑了800元钱。我偷偷地回家拿了行李，也没和父母细说，转身就走了。

现在想想，"朋友"两个字，太值得玩味，有的朋友能带你去歌舞升平，麻痹自己，也有的朋友在困难时可以帮你。所以，人在走弯路的时候，能清醒地意识到，朋友不在于多，在于真。酒肉朋友是肤浅的朋友，能帮你的朋友并带你走向正途的朋友才是真朋友。

赌的是金钱，输的却是人生。我为自己的放纵付出了代价。这段弯路绕得实在太远了。

人生的路很漫长，每隔一段时间，我们就该好好反省一番，审视走过的路，认清前进的方向。这也许会耽误一些时间，但走着弯路且浑然不觉的人比比皆是，这岂不是更大的痛苦和灾难？学着不断反省吧，走一走，看一看，别在走错路时依然不停。

励志语录

赌博就像吸毒一样，当你染上这种恶习之后，便会身不由己，越陷越深。

你如果不能一直意气风发，也切记不要成为过街老鼠。

人可以短期内没钱，但最好远离高利贷。贷来的是钱，欠下的是风险。

人生的路很漫长，每隔一段时间，我们就该好好反省一番，审视走过的路，认清前进的方向。

▶▶ 二十岁没钱，似乎还很正常；三十岁没钱，需要自己找原因，别说家境不好，应审视自己是否够努力；四十岁没钱，就是问题了，上有老下有小，你拿什么养家糊口；五十岁依然窘迫，那就悲哀了，如果不想此生白活，你就没有资格退缩，即便拼着老命，也要拼，要努力。

虽然已经听惯了别人说："困难像弹簧，你强它就弱"，但真正面临困境时，才发现生活上的不如意造成的窒息感无法逃离。

站在人生的十字路口，茫然四顾。唯有背起行囊远行。我想要换条路走，去追索另一段人生。或许，漂泊会给自己找到下一个栖息之地。

所谓的人活一口气其实就是支撑人们能够不断走下去的梦想。而我的梦想就是去拓展自己另一个圈子，离开让自己饱尝失败滋味的地方，重新给自己定位。一个人在顺利的时候，往往能够按照自己的计划不断地前行，但是遭遇困苦，又该如何去做呢？

一些人会选择消极地坐以待毙。而我知道，我没有坐下等死的权力和资格。欠下的债务要还，走过的弯路要重新走回来。所以，我知道自己必须面对。

我决定先到上海，然后从上海虹桥机场坐飞机到青岛。就这样，我一个人踏上了旅程。

2007年4月28日晚上，我离开了家，既没有和父母说一声，也没有处理自己的店面。

当我真正坐在车上的时候，眼泪止不住地流下来。这是我人生第一次坐飞机，后来虽然乘坐很多次飞机，但印象最深刻的还是从上海飞往青岛的那次。

我是七点半到的青岛，这真可以说是人生的"起飞"，从一个地方到另一个地方，一切从头开始。今天想来，这是我人生非常关键的一步。不管自己的决定是否正确，只要一步步走好，努力实现自己的梦想，就可以了。即使遇到挫折也很正常，因为越成功付出的努力就越多，所以对于想要获得成功的人，一定要敢于面对这些挫折，坚持下去。

人的一生总会遇到许许多多的挫折，遇到挫折时，有些人会从中寻求希望，越挫越勇，以更加旺盛的斗志继续人生的旅途；有些人则会选择逃避，让自己沉睡在迷茫中，希望时间的流逝能冲淡这段痛苦的回忆。

当你一个人走在充满了羁绊与坎坷的人生之路时，偏偏又遇上了"大雨"，脚下的路变得越来越艰难，你望了望遥远的前方，又看了看身后已朦胧了的归路，会做怎样的选择？

是坐在地上失声大哭，还是勇敢而执着地跨出每一步？

下飞机后，我身上只有不到 200 块钱，我不知所措地走在柏油马路上，不知道究竟该去什么地方。我在机场打了个出租车，决定去市中心碰碰运气。

早上九点的岛城，人很少。从机场出来的路上，周围围满了矮小的房屋，很多都很破旧，我觉得青岛好烂、好旧，有点失望，认为来错了地方。更可气的是，我遇到的是一个无良的司机，他把我拉到了离台东步行街很远的台东六路。下车后，我看了一下，这里就是一条小巷子，真是屋漏偏逢连夜雨呀！

我拖着疲惫的身子在路上走着，20 分钟之后，找了一家小旅馆住了下来。奔波了一天，我决定先休息一下，然后就出去找工作。可能是因为太累了，一躺下我就睡着了。

当我醒来的时候，已经六点了。

我出去绕了一个很大的圈，才到了青岛台东步行街。刚开到的时候，我感到很惊讶，因为这里的人实在是太多了，密密麻麻的。

面对这个新环境，我最先想到的就是生存问题，是继续做发廊还是改行做其他的呢？

其实，我不想做发廊了，可是一想到自己是个连初中都没有毕业的人，什么行业能让我一个月挣到三千块钱呢？当时，我身上仅有 100 多块钱！一想到今天会落魄到这个样子，我就特别难过！

每个人的命运都是不同的，我们有梦想，有理想，但是我们还要面对现实，现实就是我们实实在在的生活，人首先要生存。

人活在世上，理想往往和现实之间有着很大的距离，但是，人首先要选择生存，只有先让自己生存下来，才会有机会去实现自己的理想，不能生存的人是没有资格谈论理想的。

考虑了很久，我决定重操旧业，那时候我差不多两年没有剪头了。可能是因为实在是走投无路了，我就急急忙忙地到处找美发店。

我沿着步行街转了几圈，找了几个专业的发廊，里面的人都非常牛，看到我来咨询工作，爱理不理的，说："我们这里不要人了。"我感觉很委屈，生出了很多的感慨。没办法，到了一个陌生的环境谁认识你。这一切的结果都是自己造成的。

由于刚到青岛，对这个地方不熟，不知道哪里发廊会比较多，高端的发廊在哪里，只能一家家地问。整个晚上，我大概逛了 6 家发廊。晚上 8 点多的时候，我看到步行街一家发廊的客人还是满满的，就进去问了一下。

"请问，你们这里招发型师吗？"我靠近前台问。前台小姐微笑地对我说："您稍等一下，我帮您问问店长。"这是我遇到的态度最好的一家，所以感觉特别开心。我忙说："好的，谢谢！"我感到很开心，感觉自己找工作的事情有谱了。

店长出来之后，跟我聊了大概 5 分钟，彼此之间聊得还是蛮好的，最后他说：我们这里确实已经满了，我可以介绍你去其他的分店去。我答应了，然后他就把地址给了我。

拿到地址之后，我就离开了。在路上，我反复看着这个地址，是在香港中路，可是我却不知道香港中路在哪里。当时，我手中的全部信息都在这张名片上，它似乎成了我的一根救命稻草。我把名片装在西装上衣的口袋里，时不时用手去捂一下，生怕弄丢了，这可是我一天的收获。

我一直往前走，慢慢地逛到了一个夜市。这里人山人海，没有空闲的地方。我在一个路边摊吃了点烧烤，可是刚刚坐下不到 10 分钟，边上的两帮人就吵了起来。很快，又来了一批人，拿着短棍打了起来，整个小摊砸得粉碎。

这些人都不要命，抄家伙就往身上抡，也不管死活。看到很多人都受伤了，我打了个寒噤，起身赶紧离开。就在起身的时候，一个人满脸是血地便倒在了我的面前，真恐怖！

我匆忙地离开了现场。

这么不巧，第一次来青岛吃晚饭，就遇到这样的事情，还没吃一半，就要走了。我当时觉得青岛比较乱，还是安分点好，不要给自己惹麻烦。

晚上回到旅馆，我买了两瓶啤酒，坐在床上一边喝一边胡乱地想着一些事情。不知不觉就想到了家，出来的时候父母都还不知道，想想真的很对不起他们。我想知道家里、店铺现在是什么情况。员工还在吗？如果能坚持下来，一个月至少能赚几万块钱；如果坚持不下来的话，那我真的是什么都没有了。

我知道，每天都有很多的人给我打电话，所以手机根本不敢开机。晚上，我根本就睡不着，我默默地下了决心，在三年之内一定要东山再起。

这个决定对我确实起了非常大的作用，让我真正沉淀下来明白了很多事情，所以至今在和别人分享自己的成功经验的时候，我都会把这个故事告诉他们，目的就是想告诉他们：只有你下定决心一定要成功的时候，你才有可能获得成功。

我知道，无论从事哪一项工作，只要肯付出，一定会车到山前必有路的。

放下一切、走在人生征途上的时候，有一样东西千万别遗忘，那就是希望。希望是宝贵的，它犹如孕育生命的种子，可以随处发芽。只要抱有希望，生命便不会枯竭。

不管前路多么迷茫，要相信自己能乘风破浪克服重重阻挠，要坚信自己不会被狂风暴雨所击倒。不管遭遇多少彷徨，要保护好自己的心不被伤到，委屈和伤痛，经历得越彻底，越让你看清这世道。

第二天起床之后，我把房间退了，把行李寄存在前台。因为我觉得，如果能找到工作就可能有住的地方。拿着那张揣在衣服里的名片，经过多方打听，我终于找到了那家店。

这家店在二楼，装修得特别高端，我找到他们的店长。他把我带到了办公室，聊了起来。

他问我："你是不是青岛人？"

"不是，我来自太仓。"

他又问："你在这里有没有指定的顾客？"

"没有，我是刚到这边来的。"

"那你擅长做什么？"

……

就这样，我们大概沟通了半个小时，他跟我说："我们这里本来只招本地的发型师，但看你的形象和态度都不错，明天下午你带一个模特过来，做一个电棒大花、一个手吹大花。"

我答应了，可是由于自己很长时间没做头发了，本身的技艺有点生疏，因此底气不是很足。可是，事情都到了这个份上，我也只能硬着头皮干了，反正谋事在人，成事在天。

在回去的路上，我突然想到，由于自己走得太匆忙了，理发的工具都没有带，怎么办？我明天不能空手去吧……现在，我身上也没有钱了，买一套工具至少也要 500 块。看样子，只有打电话回家借钱了，除此之外，我没有想到其他更好的方法。

走着走着，我看到一个小女孩在马路上发宣传单。我好奇地走过去看，正好是美发店的宣传单，我格外欣喜，有点侥幸地想会不会也是个机会。

我看了看，觉得跟我最早做的模式差不多。我问她："你们那里还招发型师吗？"

她说："招的。"于是，我被带到了他们店里。

当时老板正好在店里，我们聊了将近一个小时。我不仅将自己的故事告诉了他，还和他聊了店铺管理和团队建设方面的问题，我们聊得很投机，越聊越开心。晚上，这个老板还请我吃了饭，简单地跟我聊了一下关于五月份活动的事情，问我有什么好的建议。

我把以前的一些经验简单地跟他分享了一下，他也很认同。这是我到青岛最为开心的事情，他是我在青岛见到的第一个有共同志趣的人，后来成了我的老板。

聊到最后，他告诉我说："五月份，我想将自己的几家店通过比赛的形式来促进发展，同时带动员工的积极性。我这里有个店长感觉不太理想……"我顺口说了一句:"我来试试。"听到这话,他一口答应了。我感到非常开心,在一个陌生的城市,我终于体会到了一种强烈的认同感。

吃饭的时候,王老板不仅跟我聊了很多关于青岛城市建设的话题,还和我聊了山东美发市场的发展状况。这样,我对青岛有了更多的了解,不再像当初那样恐惧了。

那顿饭,吃得虽然没有多么丰盛,可却是我去青岛吃的第一顿有鱼有肉的饭,现在想想真的是非常感激王老板。

王老板说:"晚上分团队,员工都不认识你,可能对你信任度不是很高。"不管怎么样,我也有三四年带团队的经验,还是比较自信的,就随口说了一句:"没关系,放心吧,我会拿出结果给你看。"听到我这么说,他笑得特别开心,给我竖起了大拇指。

我太需要一份工作来维持生活的体面,所以表现得很积极。也正是如此,才得到了一份工作,让我在陌生的城市有了生存的机会。

社会就是最好的学校。你所接触到的不同的人就是不同的老师。他们朴实无华的言论就是最好的人生箴言,让你在每一次不同的体验下收获更多的人生智慧,也会放下自己所谓的面子。

生存的境遇下,我们每个人都不要把"面子"太当回事,在没有钱糊口的时候,钱是最重要的。在有了钱发展的时候,梦想的实现是最重要的。所以,任何时候都不要让自己被面子给左右了。自尊是什么? 就是凭着自己的打拼过上了自己想过的生活,不靠别人,不依附别人,不啃老不懈怠,用自己的手创造自己的人生,这才是实打实、接地气的自尊。正是基于这样的认识,我开始不挑工作了,只要能养自己,不用睡天桥,我就干,苦累我不怕。

励志语录

人首先要选择生存,只有先让自己生存下来,才会有机会去实现自己的理想,不能生存的人是没有资格谈论理想的。

自尊是什么? 就是凭着自己的打拼过上了自己想过的生活,不靠别人,不依附别人,不啃老不懈怠,用自己的手创造自己的人生,这才是实打实、接地气的自尊。

▶ 一条路的终点，正好是另一条路的起点。人生的转折蕴含着机遇。机遇垂青有准备的人。韬光养晦，厚积薄发，坚韧不拔，这样的人机遇较多，易于成功。

在职场中，用什么证明自己的价值？是学历、辛勤，还是才能？不少人认为，我有才能，你就要承认我的价值！那么，才能的体现形式呢？用什么来证明才能呢？那就是结果！

我在老板面前夸下了海口，想让他看到我的结果。我对自己是有信心的。我想人觉醒需要外力，而我被现实一击，快速觉醒了。

在职场中，证明能力的唯一形式就是结果！有句话说得好，"英雄不问出处"，不管你的过往多么辉煌，只能代表过去。当下要紧的是，你要做出结果，结果比你夸下的海口管用。老板不会为能力付酬，而是为结果付酬。

晚上我到店里逛了一下，很多员工都用怪怪的眼光看着我，特别是那些发型师。

晚会开始了，员工都坐在地上，我坐在最后面。活动现场准备了很多小吃，大家一边嗑着瓜子，一边开会。这次会议开得很好，因此我觉得开会的时候，为了不让员工产生反感，一定要注重形式，可以采取晚会的方式。

看着台上的老板，我突然想起在家里时给员工开会的情形，简直一模一样。想到自己今天沦落到这个地步，真是后悔呀！

过去，我属于做事比较冲动的类型，做事情的时候往往凭第一感觉，凭一时的冲动，结果有很多时候考虑问题不是很周全。"三思而后行"并不是胆小怕事、瞻前顾后，而是成熟、负责的表现。

俗话说，经一事长一智！对你经历的事情都给予简单的思考，既不会浪费太多的时间，也可以增加思考的深度。世上没有后悔药，做任何事之前都要考虑清楚。因此决定做一件事的时候，必须要进行全方位的考虑，拿不准的时候要多听听旁人的意见。

晚会一开始，王老板就向大家介绍了我："亲爱的伙伴们，我们店又来了一个新店长，现在让我们用最热烈的掌声欢迎他来自我介绍一下。"接着，三十多人一起鼓掌。

由于到了新环境，我有点紧张，只是简单地说了几句："大家好，我叫陈文强。以后大家可以叫我陈文强，或叫我英文名kevin。在以后的日子里，希望大家多多关照，一起努力。"

这一向是我的风格，简单、真诚。

谈到分组选员工的时候，几个店长都站了起来。其中一个店长是来自东北的，能力很强，吃饭的时候老板也有跟我提过，在店里没有一个人能超越他。当我站起来的时候，我就给自己设定了目标——一个星期内超越他!

初来乍到，我单凭老板的交代和说明并不能真正发现哪个发型师技术好，哪个能力强，但我有一个癖好，专爱找最有能力的挑战，我暗暗地向店里被老板认为能力强的发型师看齐。

分组开始的时候，为了公平，大家想通过剪刀、石头、布的游戏来判定先后，我说："没关系，你们先挑好了。"两个店长对店里每个人的能力都很清楚，先把有能力的设计师给挑走了，我就随便选了 3 个设计师，六七个中工和学员。

每个被那两个店长选中的人都特别兴奋，看到这种场景，我什么话也没有说。被我选中的员工由于不了解我，对我好像不是很有信心，脸上布满了疑虑的表情。

我十分理解大家的疑虑，因为美发行业，技术和管理能力决定一个团队的薪水，你干得好，带的组好，服务的客户水平高，自然拿到的提成也高，否则，小团队里也会人与人面和心不和，钩心斗角各自打小算盘。有过先前的管理经验，我知道，再精的兵，单打独斗也不如抱团取暖。我也暗暗下决心，一定不能让他们的疑虑成为事实。

人生从来就是不公平的，职场更是如此，作为一个成熟的职场人，要时时刻刻明白这一点，要以平常心、进取心来改变自己的生活和工作，通向成功的彼岸。

分完员工后，店长给员工开会。我这样对自己的店员说："大家好，可能大家都不了解我，这不是关键，关键是我有十足的信心把你们带好，不管对手有多强。"除此外，我还问了一句："人生最大的敌人是自己，对不对？"大家齐声说："对。"

听到这样的回答，我心底多了几分底气。我说："从明天开始我会和大家一起努力，一起创造出属于我们自己的辉煌。"之后，我又跟大家聊了一会儿，分享了一些过去的经验，还教了大家一些话术。看到店员都特别开心，我心里暖暖的，就像是重新回到了自己的店铺，特别亲切。

我一直觉得人要想超越他人，要想成功，就必须先超越自己，战胜自己和外界一切压力。

在和团队成员的交流中，我了解到他们是平时最不听话的人，有一个是老板的弟弟。我感到压力挺大！

在美发行业，大老板与小股东之间，店长与店长之间经常存在不信任。高管有名无实，再努力认真、无私奉献、身体力行去做老板分派的任务，也很难真正能得到老板的重用和深信不疑。做到疑人不用，用人不疑的老板屈指可数。在这个行业里最常见的亲戚现象、老乡现象、裙带关系现象，这些现象把一个简单的企业搞得关系很复杂。

可是我的好胜心特别强，不服输，不达目的誓不罢休。

老板让我和他弟弟睡一个宿舍，想到自己身上没有钱了，我非常感激他。回宿舍的路上，我和他弟弟一直聊着，他给我简单地介绍了一下每位员工的优缺点，并针对不同的员工提出了很多交流、沟通意见，当然还有我们竞争对手的事情。或许是由于竞争对手确实很强大，所以他说得比较细致。

我认真地听着，这为我后来和员工进一步交流做了铺垫，也让我对竞争对手有了更深的了解。知己知彼，方能百战百胜！情况了解得多了，我对自己也有了信心。

第一天过去了，我也有了不用花钱的落脚点。我们的宿舍处在一个不错的小区里，可是房间里面却令人失望——毛坯房，只有简单的双人床，其他的什么也没有，三十多个人住在一起。

那时候，由于没有钱，我连张被子都买不起。晚上，我和老板的弟弟挤在一张床上，由于很久没有睡过这种床了，感觉有点不太习惯。

四五月份的天气还挺冷，床上只有一条很破的被子，连垫的褥子都没有。那天，到了凌晨三点我就被硌醒了。我又一次想起了家里的事情，想知道我的店究竟怎么样了，父母现在过得怎么样，有没有人去找他们麻烦……这种思想斗争让我的头好痛，怎么也睡不着。

心里非常难受，以前自己开店的风光对比今日的落魄，生来自尊心强的我天天感觉抬不起头来。好在遇到一个老板给了我一个机会。时至今日，回想当初，心里还是充满感恩。人在风光的时候可能并不会记得某个人给你的机遇和好处，但是落魄的时候能被人重用是可以铭记一辈子的。因为感恩老板给我这样的机会，我准备好好利用这个机会，让自己落魄的生活改头换面。

由于实在是睡不着，凌晨三点起了床，为了不影响其他同事休息，我一个人到了店对面的网吧。撑到八点的时候我就去店里上班，不迟到是我多年养成的习惯。8点15分，我就在店门口等着了。

站在店门前，我想着，从自己开店当老板，到失去自己的店。从令人艳羡的老板，变成今天碰了几次壁的落魄样。角色转变，自己的心态也跟着有了很大的变化。不再好高骛远，不再心浮气躁，现实的经历总会让人成熟并成长起来。既有了当店长的思维，又有了当员工的体悟，原来，站在不同的位置想法和看法都不同。亏过的钱，走过的弯路，吃过的亏都是人成长路上的财富。

感觉生活就像冲浪一样，一会儿浪底，一会儿浪尖。

第一天上班，我便遇到了难题，因为我连吃饭的工具都没有。剪刀、梳子一无所有，就一个活生生的人，我只好打电话和朋友借钱。幸亏有一个朋友借了我一千块，直到现在我都很感激他。

虽然说一夜都没有睡，可是那天我的精神却特别好。现在想想，或许这要得益于我的信念法则。我给自己定的目标就是要超越那个东北的店长，就是要成为最牛的店长。

那时候，店里在做活动，发了很多宣传单，如果客人有意向可以邀请他到店里接受免费的发型设计。那个东北店长趾高气扬的，每时每刻都在用藐视我的眼神看着我。可是，他越是那样我就越有动力。因为我知道，人的一生要有贵人帮助，更需要对手的刺激。

由于目标非常明确，第一天上班挺忙的，没有时间去想其他的事情，这种完全投入的感觉真好。第一天，我一个人邀约了30多个客人，团队的伙伴被我带动得特别有激情。到了晚上，我们做了统计，我们团队一共做了4000多块钱，还办了一张1500块钱的卡。

要知道，这类卡以往很难销售出去，而且在这一天里我一个人就做了2000多业绩。可是尽管这样，我们还是输给了那个东北店长几十块钱的业绩。他们团队不仅有很多指定的顾客，而且由于我们团队在2楼，很多来烫头发的顾客都被他们接走了。

虽然输给了对方，可是我们团队的士气大增，每一个伙伴都对我表现出了很大的信任。

晚上开会的时候，每个人都特别开心。我们在一起总结了一下：今天哪里做得比较好，哪里做得还不够好……

第二天，我们的团队业绩就超过了东北那个自以为了不起的店长，超了他将近 2000 元。那天我的运气非常好，老板不喜欢的阿东竟然邀请了一个客人，给他办了一张 3000 元的会员卡。从那时候开始，我发现阿东在任何一个员工面前都显得特别自信，说话再也不像以前低声下气了。

这一天，是我来到青岛收获最大的一天，因为刚来上班才两天，我就破了店里的两项纪录，一是店里以前从来没有给客户办过大卡的，员工以前感觉不可能，现在开始慢慢销售了，而且销售量还不错。二是店里的日销售额以前从来没有破过万，在 5 月 2 号这一天终于突破了一次。

对我来说，更重要的是那个东北店长主动跟我说话了，那天我们聊了很多，感觉还不错，他也没有想象中的难接近。在以后的相处中，我们的相处比较融洽，在我自己开店之后他也成了我的一个店长，能认识他我确实非常高兴。

那时候，我才发现，没有天生自卑的人，一个人如果有能力，到哪里都是自己的地盘，而且只要有成绩，别人就会对你刮目相看，就会主动向你靠拢。

5 月 2 号的晚上，我第一次跟两个店长喝酒。我和他们俩一起去 AA 制吃烧烤。那天晚上，我们聊了很多，他们两个都在抱怨店里哪里不好，老板哪里不好。因为我是新来的，一方面不方便发表什么意见，另一方面我本身不是那种特别喜欢抱怨的人，所以我只能简单配合他们。

我们三个好像融合在一起了，无话不聊，越聊越投机，聊到凌晨 2 点左右才结束。在以后的工作中，我们三个配合得还是相当不错的，时不时就会分享一下彼此的经验和心得，在这种氛围中成长，感觉非常好。

那天晚上我站在台东步行街的街头，看着来来往往的人，内心那颗种子又开始发芽，我又一次告诉自己：在三年内一定要开一家发廊！

拿破仑说："不想当将军的士兵不是好士兵。"像我是一个尝过当将军好处的人，怎么甘心久居下位，不谋上位？我依然想当管理者，想带团队，开一家属于自己的发廊。

这是我以前的梦想，也是我现在的梦想。

以前开起来太容易，赚钱也不难，才导致自己没有金钱观念，错误得把本来很平顺的人生和第一桶金一并押在了赌局。

我得赎回来。

有个店长和我聊天，问我怎么才能把团队带好，我给他分享了一些我的经验，我说："其实带团队很简单，不要把它想得很难。开始带团队的时候,你要自己把团队最难做的事情做好,做给下面的人看;做好之后把方法分享给他们;最后要多鼓励他们……"

一个合格或优秀的管理者一定谨记,帮助你的员工成功,而不是用权力欺压员工。每个人类型不同,个性也不一样,能力有高有低。老板喜欢能力强的、性格好的、聪明能干的员工是正常的,偏爱优秀员工无可厚非。但作为美发店长或管理者,即便偏爱也不能表现得过于明显。能力强的重用就好,给报酬多些。能力不强的放到适合的岗位上,量才使用。但在人格上一定一视同仁,不可厚此薄彼,人与人是平等的。对员工最大的尊重,是尊重他们人格,尊重他们的劳动。尊重不是说不批评,能力可以培养,一旦员工作风不好,人品有问题,批评教育乃至辞退都是正常的管理行为,不能说就是不尊重员工了。但批评要讲方法和技巧,一旦掌握不好度,伤了员工的自尊便成了得不偿失的事情,第一收不到好的效果,第二因为不尊重人还会使得人员流失。

后来有了自己的店的时候,我总结了一些带团队的方法:

第一,以身作则。为了让团队成员实现自己的目标,首先要身先士卒。刚做店长的时候,如果店员在前面努力,而我却在一边指手画脚,是不会提高士气的。

第二,把能力最弱和最难管的人培养成有能力的人,他们创造价值的空间非常大。

第三，保持积极乐观的心态，不管发生了什么事情，都能从容面对。虽然开始的时候，我们团队是输给了东北的那个店长，可是在我的带领下，大家保持了积极上进的态度，很快就做出了成绩。

第四，拥有明确的目标和强烈的进取心，这样才有奋斗的动力，才能感染其他的人。大家就会为了一个工作目标不懈努力，坚持到底。

我觉得，有些领导之所以做得不好，主要原因就在于工作的时候考虑得太多，左右顾忌，行动力迟缓，这样会给身边人带来很多负面的影响，最终导致团队执行力低下。

所以我经常说，员工不是被管理的，而是被影响的。

很多老板经常会抱怨员工这个不是、那个不是，但又不舍得开除，遇到这种情况，最好的方法就是与员工交心，了解员工内心真正想要些什么，后来在演讲的时候我也会跟很多发廊的老板分享这些。

虽然我到青岛的时间不是太长，但业绩做得还不错。可是，越是这样，我越想家，不知道家中怎么样了，父母还好吗，他们要是知道我的事情该怎么想，店里的员工都怎么样了，我努力抑制着自己的情绪，想在下班后给家里打给电话，可还是没打，我不敢听到任何关于家里的消息。

据我所知，在我离开的那一天，就有债主去找我了，因为那时候我的手机已经三天没有开机了，在太仓，不少于 20 个人在找我的下落。那些放债的人每天的主要工作就是把欠钱人的行踪弄清楚，过了三天我都一点消息都没有，估计他们都快要疯掉了。

下班后，我和员工一起回宿舍睡觉。回到宿舍之后，我们就坐在床上聊了起来。我睡在上铺，躺在双层床上，我想到了自己刚开始创业的时候。那时候和现在差不多，每天和员工住在一起、吃在一起、玩在一起，每天都特别开心。

整个晚上，我都躺在床上胡思乱想，大概是三四点才睡着的。我梦到自己又重新回到了过去创业的日子，虽然只睡了短短的几个小时，但感觉特别好。

第三天，我也过得很开心。晚上下班后，我给在家里的店长打了个电话，没想到这个电话让我的情绪一下子就跌落了。家里的店长说，我爸妈知道我离开了，由于到店里要债的人太多了，他们也顶不住了，员工都走了。

那时候，我特别看得开，觉得曾经的一切都是属于我的，即使失去了也没有什么可惜的。在我心里只是惦记父母，只要他们一切都好我就放心了。刚到青岛的时候，是我思想斗争最残酷的一段时间。我特别难受，每天都在进行自我检讨，思考的东西也越来越多，但想太多也没有什么用，只能从头再来。

后来，一个朋友告诉我，爸妈找不到我整天都不吃饭，我妈天天在家里哭。听到这些我心里特别痛，犹豫再三之后，我拨打了家里的电话。我记得特别清楚，是我爸接的，当时我的眼泪都已经流了下来。

那个电话大概通了半个多小时，通话的场景让我一辈子都不会忘记，我觉得自己很不对起他们，后来爸爸说："只要你好好的就好，全当是生了一场大病了。"

听了这话我心里特别温暖！我是想让他们骂我的，他们越是不骂我，我就越难受。我一边打着电话一边咬着嘴唇，极力控制着自己，可是说着说着我就痛哭了起来。

直到我重新做回自己的事业的时候，我才发现父母真正要的并不是你有多大成就，只要你生活得开心，没有什么头疼的事情，父母就很知足了。

想想为我默默付出的父母，真的很感动。我知道，想太多也没什么用，自己只能好好工作，争取让他们过上更好的生活。

我想着，本来我是应该用我的能力让父母生活得更好、更幸福的，我却让父母跟着我担惊受怕，我做错了，错的不仅是挥霍了原来的小有积蓄，更多的是我对父母的伤害。

有了这层认识，我更坚定地认为，我必须东山再起。为了自己，也为了曾经跟着我的那帮兄弟姐妹，还有为自己操心的父母。

励志语录

好汉不提当年勇，英雄不问出处。

你以前多辉煌，只代表以前，你当下做出的成果才是你的能力。

一个合格或优秀的管理者一定谨记，帮助你的员工成功，而不是用权力欺压员工。

ZAICHUANG
HUIHUANG

第二部分
**凡事尽力而为还不够，
必须全力以赴**

▶▶ **停住匆匆赶路的脚步，倾听内心的声音。成功的人之所以能够成功，就在于他们有一个共性，那就是善于把握前进的方向，无论他们做什么事情，都是把目标看清楚后再开始行动。**

打工小有成绩的我，又开始对于创业"蠢蠢欲动"，因为我觉得，创业就是从家犬变狼的过程。这个过程没有想象的容易，一旦着手进行，就意味着摆脱安全区域，投入下一个未知。打工领薪水到每月能领工资，需要为全局谋略和负责盈亏的是老板的事。一旦创业开始，心态就要改变。没有随随便便的成功，也没有很容易就当的老板。

成功人士都有名不见经传的经历和过往。但他们最终都从名不见经传成了享誉全球的风云人物，他们靠的就是一股子不服输的倔强。而对曾创业小有成绩的我来说，个人的潜力还没有完全发挥出来，所以，我要重新上路——创业。

在青岛待到第十天的时候，我的人生又有了新的希望。那时，一个朋友说想要做生意，开美发店，他想给我投资，让我来经营。

听到这个消息，我激动极了。感觉自己像是又重新回到天堂一样，浑身激动得发热。那时候，我还在青岛的那家店里，没有离开。老板知道了这件事，找我谈了一下。

那天晚上，关于自己的发展，他和我聊了很多，他还给我规划了未来的发展道路，鼓励我好好做，如果做得好可能会让三家店和学校一起发展。我们两个人一直聊到 12 点左右。

我一心想着要跟朋友创业，因为已经对市场了解得很清楚了，所以对在那个地方开店很有信心。很快，我就离开了青岛第一个店，不过直到现在我依然对那位王老板充满了感激之情，因为他给了我很多机会。如果没有他收留我，我现在还不知道是什么样子呢。

那天晚上，我没有当着他的面表态，可是去意已决。在那个店里虽然只做了大概 15 天，可是却听说了很多关于这位老板的评价，很多员工都说他说话不算话。

我当过管理者，也当过被管理者，自然知道老板和员工的角度不同，看问题的出发点和观点也会不同。但我从同事的口中得知老板说话不算话，也在分析。员工不仅是来拿薪水的人，也是跟老板共事，在不断进步中给企业创造价值的人，尤其是那些核心的老员工，更是巨大资源。作为管理者，不要倚着权力，经常板着面孔训人，再积极主动的员工也变得畏缩不前。要放心大胆让员工自己按想法做事，他们心态轻松才敢积极主动，不怕犯错，知道有了错也不会被骂。领导要当他们的后盾，而不是拿着放大镜，鸡蛋里挑骨头。杰克·韦尔奇说："管得少就是管得好。"其实，好的管理者完全没有必要把自己弄得那么累，事必躬亲的效果未必最佳！适度地放权，实际上也意味着你已经足够有信心，能够用自己的处世哲学让你授权的对象按照自己的意图来处理问题。当你学会放权的时候，其实你的团队管理已经上升到了一个新的境界了。

作为一个管理者，一定要"言必行，行必果"，不然怎能服众？

虽然说，很多人都知道守信的重要性，可是总有人会找出这样那样的理由而不遵守诺言。其实，作为一个管理者，不管是大事还是小事，只要说了，就要努力做到。如果言而无信，必然会影响到自己的影响力。

很多时候，员工不仅要看管理者怎么说，更要看其怎么做。管理者要想得到员工的拥戴和支持，必须坚持以诚信为本，守诺践行，否则就会失信于员工，失去号召力与战斗力，使企业经营受阻，甚至陷入困境。

管理者在企业内部、在员工面前做出承诺的时候，要保持严肃的态度，言必行、行必果，绝不能搞形式主义。如果郑重的承诺变成了轻浮的口号，言而无信，会让员工对上司产生不信任感。而得不到员工信任的上司是不可能带领团队取得优秀成绩的。

我明白了这些，也知道如何让自己对照着改进和提高，别人有的短处，我尽量避免，别人有的长处我要发扬光大。

离开后，我就开始和朋友着手开店的事情。由于对青岛的房租、转让费之类的不是很懂，为了找到一个合适的店面，我们跑了很多地方。最后，我们终于找到了一个门面。

其实，我们当时非常盲目，除了一个创业的想法之外，什么都没有。由于比较急躁，做事情的时候也没有仔细思考，便拿出18万租下了台东步行街二楼的发廊。转让过来的时候，里面的东西都报废了。

我们之所以会将这家店租下来，主要是因为市口比较好，现在想想，5万块钱就可以将那个店面拿下来，心急真的会让你亏损很多的钱！这都是血淋淋的教训。

店面弄下来之后，面临的最大问题，就是装修和员工。这个店面差不多有150平方米，我们一共只有3个人，怎么办？那时候，我们没想到有什么预算，花了2万多租了个宿舍，在21楼，装修得还不错。然后，我们买了一些高低床，动手一起装。

或许是由于好长时间没有干过体力活了，感觉还是有点累。看着一下午的劳动成果，让我不由自主地想到了18岁那年创业的情形，突然感到心酸、悔恨、茫然……

店面装修好了，宿舍有了，接下来就差人了。这家店还留有10个员工，转让当天他们都在现场，我们三个给他们简单地开了个会。我给他们介绍了一下公司发展的状况以及我们的愿景，希望他们能考虑一下留下来跟我们一起工作。至于有多少人愿意留下来加入我们，也没想太多，但每个人都留了电话。

我打算在这些人当中挑选第一批员工，经过一个个沟通之后，最后有 5 个员工愿意加入团队和我们一起发展。这样，我的团队就有 8 个人了。

店里的装修如期进行着，可我们团队只有 8 个人，远远不够，商量后我们决定晚上 8 点钟后到台东步行街摆一个桌子去招工。晚上，青岛的步行街有夜市，年轻人比较多，行动开始了。

我先去广告公司做了一张比较大的公司组织架构图和一张招工信息表，然后买了一个喇叭。晚上 7 点钟的时候，我们几个人抬着一张桌子向步行街走去。当一个人目标特别明确的时候，根本不会在乎面子的存在。"要成功先发疯，头脑简单向前冲！"我觉得还是非常有道理的。

整个招工过程大概持续了一个小时，取得了不错的效果。很多人都过来咨询，我们就慢慢地跟他们讲解公司的文化。这一晚上，我们收到了 20 多人的资料。就这样，我们持续了将近有一个星期，每天晚上都从八九点开始到晚上 12 点。

接下来的工作是面试。根据资料上留下的联系方式，我们开始给对方打电话。那天，到我们这里来面试的有 30 多人，各种各样的人都有。我把他们统一安排在宿舍的一个大客厅里面，开了个会。

后来，留下来的员工跟我说："开始的时候，他们还以为是搞传销呢。"呵呵！经过了一轮的面试，一共留下了 25 个人，这让我信心大增。看看自己的团队，我心里感觉特别高兴，这一个星期的付出还是非常值得的。

我坚信，一分耕耘，一分收获。做任何事情都需要主动，主动，再主动，就像我每次上课的时候经常说的一句话，我们不能老是坐而言，要起而行。

犹太人很早就明白，什么事情都要自己主动争取，并且要为自己的行为负责。没有人能保证你成功，只有你自己；没有人能阻挠你成功，只有你自己。

由于招人的时候没有苛求，只要是真心愿意加入我们的都要，因此什么性格的人都有。看着自己的团队开始壮大了，我们开始对他们进行培训。我每天早上 8 点钟起床，晚上带大家学习到 12 点左右，坚持了 15 天。

大宇当过兵，执行力比较强。他每天早上 7 点就起来了，然后叫大家起床。起床以后，每个人都要叠军被。开始的时候，每个伙伴叠被子都花费十几分钟，可是大家都很快乐。8 点，要训练，跑步，每天大概 1 个小时。接下来就是一起吃早餐，休息半个小时就开始学习烫发、剪发、销售、服务流程。中午，我们一起给员工做饭，大家轮流做饭特别快乐，每一天都感觉特别充实。

一个星期之后，我们带员工挑战 1 万米，想锻炼一下员工的意志力。跑完之后，每个人都倒在地上不能动，甚至有的员工腿痛了 2 天才好。

看着一帮年轻人龇牙咧嘴，哼哼呀呀，可谓是苦中有乐。因为，一个人只有战胜身体上的惰性，才能克服内心的惰性。

而意志力是人格中的重要组成因素，对人的一生有着重大影响，要获得成功必须要有意志力作保证。

人的意志力有极大的力量，它能克服一切困难，不论所经历的时间多长，付出的代价有多大，无坚不摧的意志力终能帮人达到成功的目的。

如果你的意志力坚定，并以这种意志力引导自己朝目标前进，那么，你所面对的问题，都会迎刃而解。如果你一直用坚定的态度去实施你的计划，丝毫不会出现"如果""或者""但是""可能"的念头，一定会克服种种诱惑，必定会获得成功。

在我的团队中，也时常发生一些让人感动的事。

学习烫发和剪发的时候，让我最感动的是一个叫阿亮的东北发型师。他是我们在步行街上招的，那时候他也刚刚做生意失败，情绪特别低落，可是训练了一个星期，就成了最努力的一个。

阿亮的发型技术不是很好，我们教烫发的时候，他可以说连杠子都不会卷。我们每天练习到12点，他一个人则要练习到晚上2点左右，稍微睡一会儿，4点就起床，然后把厕所的卫生打扫一下，弄得干干净净的，接着，自己再开始练习卷杠子。他的认真程度，让每个员工都特别感动。

团队中，只要有一两个这样的员工，很快，所有的人都会更加努力，整个团队成长的速度就非常快了。15天的培训比我们预期得还要好，每个人都盼望着店的开业。

通过培训，团队的凝聚力和战斗力都得到了加强，更关键的是大家一起住、一起吃、一起学习，形成了良好的氛围。

在15天的培训中有两件事让我印象非常深刻。

第一件事是包饺子。因为员工中北方人比较多，都喜欢吃饺子，所以就组织大家包饺子。20多个人一起包饺子，很有意思，大家包的饺子什么形状的都有，我笑坏了。

我们搞了一个游戏——在饺子里包一个硬币，吃到硬币的人奖励现金50块，我们一共包了将近500个饺子。在煮饺子的时候每个人都紧盯着锅里，傻傻的样子特别可爱。饺子煮熟了，大家狼吞虎咽地吃起来，样子非常好笑，这一刻，就像我们重新回到了小时候，像一群玩游戏的孩子一样天真。

因为有奖励，大家吃饺子的速度要比以前快2倍。突然有个伙伴非常兴奋地说自己吃到硬币了，大家才把吃饺子的速度慢了下来，要不然非得有人噎到不可。然后，我们在一起拍了很多照片，虽然我们几个刚刚认识半个月，但是感觉像家人一样相亲相爱。

第二件事是一起旅游。店里装修差不多的时候，我们组织员工去旅游，一起去海边游泳。那天，天气特别好，我们一起去超市买了很多吃的：熟食、薯片、面包、饮料等，足足有8大包。然后，又买了游泳裤和泳衣，一起坐车去了青岛八大关。

那也是我第一次去海里游泳，7月份青岛已经很热了，中午，我们就在海边喝酒聊天。

然后，我们就自由活动：有的游泳，有的打水仗，有的在沙滩上打闹，有的在海边踢球，还有几个在海边做游戏。我则躺在沙滩上晒太阳，非常舒服，怪不得有钱人休闲时都喜欢在沙滩上晒太阳……

玩了整整一天，下午5点钟的时候，大家都筋疲力尽了。早上出来的时候都活蹦乱跳的，结束以后都走不动了，回去的路上都是互相搀扶着。

就这样，开店之前的培训在快乐与艰苦中完成了。令我感到欣慰的是，每个人都成长了很多。在这15天中，很多不自信的人变得自信了，不会销售的人掌握了很多销售技巧，这就为美发店的经营管理奠定了一个良好的基础。

团队的凝聚力也就在这短短的15天建立了起来，我们像是一家人一样，一起做饭，一起锻炼，然后一起憧憬。

我的内心对这样的场景充满感恩。

从第一次踏进这个行业开始，我始终被一种能量吸引着不断向前。我也看到过比我优秀的人，带给我的不仅仅是专业技能的提高，还有待人接物的方式方法，更有心理层面的提升和修为。再后来，一路成长起来，做助理，做技师，做店长，做管理，过程"虽苦犹荣"。其间也曾吃过很多苦，也对自己的冲动付出过代价，也因为找不到方向困惑。但困惑过后却是自我的成长，心理和技术同时变得强大。所以，这一路走来所遇到的人不论是曾经给予自己帮助的，还是跟自己有过纠扯的，我全部心存感恩，是每一次不同的际遇成就了今天的自己。

抱着这样的心态，我在青岛的第一家店开业了！

第一天我们举着大旗，在步行街上跑步，做早操。很多路人都停下来看，那时候我们的站姿和口号都非常整齐。开业第一天，场面特别大，大到有点夸张的程度，不仅有礼炮、舞狮，还有敲锣打鼓的，我自己都感觉很震撼。

大家在工作岗位上都特别认真，互帮互助，不懂就报备店长。第一天，我们做了不到 3000 元，不是很好。晚上我给大家做了 2 个多小时的总结，针对大家在销售细节和配合上出现的问题又进行了一次现场教学，技术方面则由大宇做了总结。

第一个月，每天晚上我们都要总结、检讨、修正，伙伴们的理发技术和销售能力都有了很大的成长。我们给自己定的口号是"时尚的人像太阳，走到哪里哪里亮"，我们每天都叫着这个口号，叫起来感觉特别好，干劲十足。

店里每个人都有自己的明确目标，而且我们还给自己定了近期目标——用3个月的时间做成青岛台东步行街最好的发廊，让所有人都知道我们的存在。步行街的市口很好，我们的团队从最初的20个人变成了35个人，仅用了一个月的时间我们的业绩就从每天3000元到了1万元左右。

那时候，我觉得时间过得很快，一眨眼就到了晚上。每天最快乐的时候就是和店里干部在路边摊上吃夜宵喝小酒的时候，随便侃着，想说什么就说什么。

那段给自己留下阴影的黑暗似乎也悄悄地溜走了，有阳光正一点点照进生活。

📢 **励志语录**

　　管理者在企业内部、在员工面前做出承诺的时候，要保持严肃的态度，言必行、行必果，绝不能搞形式主义。

▶️ **一个好的领袖对团队影响巨大，而培养出的团队则会成为你的坚实后盾。威信离不开业绩，难以想象一个业绩差的领导会有很好的威信。所以，核心是把一个团队、一个部门的业绩提升上来。聚焦中心业务，是管理者最重要的事。威信，是提升业绩的一个保障。**

当我在北方东山再起，当起了管理者，想法和观念都发生了质的改变。我认为，当你开办了一家公司，你既是这条船上的船长，又是船上的一名船员。这条船是满载而归还是触礁搁浅，取决于你不但要掌好舵，还要有审时度势的战略眼光和高度，真正做到与船上的所有船员齐心协力、同舟共济。

一个企业的发展需要全体员工的共同努力，就像一艘船要破浪前进，需要全体船员各司其职，共同配合，才能顺利抵达目的地。

在忙碌的工作中，我从人生的第一个低谷中走了出来。在整个过程中，给我最大帮助的一是朋友和家人的鼓励，二是每天都在不断学习。每天不管多晚回到宿舍，在睡觉前我都会打开 VCD 学习或者看书。

社会是一所没有围墙的大学。要学的知识远比学校多得多。如何跟人相处，如何跟自己相处；如何提高自己的能力，如何帮别人提高能力；如何跟人沟通，如何学会沟通，这些都要在不断与人融合与碰撞的过程中学习，也需要暗自用功。

创业期间我看了史玉柱的自传，打心眼里佩服他。从中国首富到中国首负，接着又还清 2 个亿的负债，身价又上亿……这种传奇和苹果总裁乔布斯有一拼，我觉得他可以的话我也一定可以。这位老师的故事深深地吸引着我，让我的潜能彻底引爆了。

通过学习，我发现自己的心态和状态也越来越好。开业两个月，虽然没有休息过一天，可是我却没感觉到疲惫，每天都是带着激情工作。

通过那段时间的不断学习，我有了一些新的感悟。其实，人在迷茫的时候，通过学习就能改变思想；只要思想对了，做什么事情都会非常顺利。

做了 4 个月，我们店的业绩一直还不错，渐渐地发廊就有了些知名度，在顾客中有了好口碑，慢慢地积累了些回头客，每天来店里烫染的客人也逐渐增多了。10 月是旺季，我策划了一个活动，活动目标是 30 万的业绩。

我将全体员工分为四个小组进行对抗赛，每个小组都要设定自己的目标，第一名的小组奖励去崂山旅游两天。我还给自己确定了总体目标，且发誓如果在十月份完不成 30 万的业绩，就理光头。

很多人听到这个惩处吓了一跳。我和店长也商量过，只有最大限度地挖掘他们的潜力才能达成目标。

活动刚开始，每天都有 1 万左右业绩，可是过了几天，员工很疲惫，最初的那种激情消失了。我知道，这不能全怪他们，每天生意都不错，一忙就忙到特别晚，身体上很疲惫，因此服务客人的品质和态度也开始下降了。我知道，员工会经历这样一个工作历程：兴奋期，疲倦期，沉默期，最后才到成熟期。

活动只剩 3 天时间了，可是我们离目标还差 4 万。虽然离目标已经不是很远了，可是 3 天要做 4 万块的业绩，还是处在星期一、星期二、星期三，难度相对较大。为了不剪光头，所有干部一起开了一场会，从他们的表情上我看得出来，他们都没有什么信心，怎么办呢？我在边上鼓励他们说："我们一定可以完成的。"我一直有这么一个观念，成功一定有方法，失败一定有原因，大家一起分析一下原因所在，就一定能找到出路。每个人都说了很多方案，最后决定采用感动老顾客过来冲卡的方法，我说："这个办法不错，明天开始就这么执行。"

任何事情都不简单，因为很多老顾客都是有卡的，卡里还有钱。10 月份活动结束后，在全体员工的努力下，我们一共做了 29.3 万，虽然感觉还不错，但还是没有实现我们预期的目标。

我认为管理者先从自己下手比从别人下手容易。不能一睁眼看别人的错误看不到自己的错误，一张口说别人的不足而不关注自己的不足，总要求员工进步自己却不学无术，如同孔夫子说的那样，"其身正，不令而行；其身不正，虽令不从"。

领导者就是要严守承诺，既然目标没有完成，理所当然就要理光头。那天晚上，我当着员工的面剪了光头，剪光头的时候几个副店长说："强哥算了，我们努力了，如果剪了光头，发型师不好做业绩。"

日常生活中，我是一个特别注重形象的人，因为我的额头特别高，剪光头等于把我的形象彻底毁灭了。可是看到我的店长第一个剪了，我这个当老板的也不能赖，马上也剪了光头。

剪完之后我特别开心，因为我做到了，用行动去证明了我的承诺。安东尼·罗宾说过，这个世界上到处都有着说到做不到的穷人。虽然我没有了形象，但却做了一个领导者最应该做的事情。

这件事做完以后，我发现，员工真的很简单，跟我在一起的人非常有安全感。我不去欺骗员工，也不做假承诺，都是先从自我做起。

成功的企业，无一不诚信。尤其是拥有几百年历史的大企业，诚信都是相当好的。雄厚的资金支持，优秀的精英团队，卓越的领导队伍，英明的决策方针，可以使一家新企业在短期内声名鹊起。可是，要想保持优势，长久生存下去，就得口碑好。

怎么才能口碑好？唯一的办法就是讲诚信！

那天晚上我们开了一个总结会，每个人都在反思为什么我们没有完成目标，谈着谈着有很多员工都哭了。这次活动让我对目标有了很深的认识。

我一直跟我的员工强调，遇到困难不怕，发生错误也不怕。要学会正向思考，遇到任何困难都要保持愉悦的心情，处变不惊，稳定和积极的心态能为自己带来好运气。办企业也好，个人也好，无时无刻不被问题包围和困扰着，但从另一个角度看，正是在不断解决问题的过程中，人成长了，企业发展进步了。经营中的问题有时候正好是动力，只要思想积极，办法总比问题多。

我们美发行业一般员工都是 90 后的小孩儿，大部分没怎么吃过苦，面对各种挑战和困难有时候有些退缩不前，或者不知道该怎么解决。我总是告诉他们："一个人只有发奋努力才会有美好的明天，才能激发自己的潜能。永远不要给自己负面和消极的暗示，只要认为自己能做到，就真的能做到。"

心里暗示具有强大的力量，你积极，它就回报好的结果给你。尤其是刚刚从学校走向工作岗位的人，一定要给自己定个目标，勤奋、务实。人希望成名，渴望挣钱都是再正常不过的想法，但这个想法一定要建立在默默奋斗、积极进取的基础上。好的管理一定先引导员工具有正向的思维。

我遵守承诺把自己剃成个秃瓢，由此，我在员工面前树立了威信。我是一个让人相信的人，一个敢拿自己下手的人。

刚剪完头，朋友看了之后，说剪得难看死了，简直变了一个人。剪完头，我每天都戴着一个帽子去上班，顾及点形象。

通过这次活动，我们时尚团队的凝聚力更强了，每天去上班，都感觉自己的团队像部队一样，很有战斗力，每天的生活都非常开心。

自从理过头后，几个副店长在员工面前的威望也越来越高，在这段时间内，在团队管理方面积累了非常多的经验，为我以后的管理做了铺垫。

威信，是领导者身上的光环。失去了它，再有能力的管理者在众人眼中也显得一无是处、暗淡无光。一个不合格的管理者，对于组织的影响是直接、深远的。管理者是决定大局成败的关键所在！

没有威信的管理者，不可能在组织中起到领军作用。有些人，虽然担当了管理者，但没有威信，员工对他的指令及要求视而不见。

任何一个老板，都应以树立威信为自己的行为目标。实践表明，当一个团队的行政领袖和精神领袖重合的时候，团队的战斗力必将得到最大的发挥。

📢 励志语录

在学校期间需要学习，脱离学校更要学习。时时学习，处处学习。

管理的首要任务是树立威信。

▶▌生命不是用来内耗的。用负面的情绪永远活不出正面的力量，只会得到负面的结果。生命是一切的源头。

生与死的距离有多远？没有答案，可以很近，也可以很远。或者说，我一直认为很远，直到在自己身上发生了一件真真切切的事情，差一点就从生跨到死，才倍觉生命是多么可贵。

青岛的第一家店做得风生水起之时，一件让我意想不到的事情发生了，或许上天真的很喜欢跟人开玩笑。

11 月中旬的一天晚上，吃完晚饭后，9 点钟左右我去店里看看当天业绩做得怎么样。

可是，刚和员工开了几句玩笑，就有个员工气喘吁吁地跑过来，看到他慌张的样子我感觉情况不妙，他说："有 30 个人到店里来闹事了。"

我急忙到了二楼，一大帮人拿着棍子、砍刀向我们店里冲了过来。我下楼到门口去跟他们谈，简单地了解了一下情况，他们是要把我们店里的两个员工带走，我问原因，他们也不说。

作为管理者，有人要找我员工的麻烦，我当然不能坐视不管，但看着眼前气势汹汹的一帮人，手里还提着棍棒，我只有好言开解，并试图找到一个解决事情的突破口。于是带着十二分的真诚说："老哥，咱们有事好好说嘛。"我客气地跟他们说，本打算息事宁人。

"有什么好说的，不管你的事，你把人叫出来就行了，少废话！"一个带头的人口气很冲地说。

我依然很客气地跟他们说："老哥，咱们不能这样做。人家父母把小孩放在店里，出了事情我不好交代，是不是呀？"

可是，不管我怎么说，对方就是不听劝，我知道这些人根本就不会讲什么道理。可是，作为老板，无论如何都不能把人交给他们，就在我想继续劝说的时候，对方不容分说就给了我一棍子。

那时候，我也比较冲动，直接高喊一声："打！"然后，就带着30多个员工在店门口和对方打了起来，拿棍子的、拿刀的、拿椅子的……一片混战，简直就和电影里的场面一模一样。

这个过程真的很恐怖，现在想想，自己的小命差点就没了。所以，我建议不管发生什么事情，最好不要硬碰硬，和为贵。

这是我经过那件事情以后，痛定思痛总结的。

作为一个管理者，我要为我的员工负责，对方一言不合就抢棍子让我始料不及，假如他们没有先动手，我一定会冷静下来。挨了一棍子的情况下，我的情绪没控制住。

双方刀光剑影，在一片混战中，有人报了警。

几分钟之后，警察来了，我们才停了下来。这时候，我无意中看到自己的胸口全是血，心想自己没拿什么东西怎么就把人打伤了，还弄得自己一身都是血？

其实，根本就不是那么回事。当我把毛衣打开后才知道，自己被别人捅了一刀。我一下子蒙了，脑袋里一片空白，看到正好是心脏的部位，突然感到有些眩晕。员工急忙把我送到了医院。

在去医院的路上，我迷迷糊糊地看到胸口有一个很大的伤口，还不停地往外流血。我感到很害怕，因为我发现出血的地方离心脏只有1厘米。

对死亡的恐惧，那一刻真实地在我的脑子里弥漫开来。我想，一个南方人，在北方这片土地会不会因为打群架翘了辫子，那我可真够悲催的，出师未捷身先死，我不甘呢。

忍着伤口的剧痛，我的脑子里出现了父母的影子，想到他们含辛茹苦地将我养大，感觉自己最对不起的就是他们，因为我没有让他们过上好的生活。这么多年他们一直在给我操心。跟随而来的员工不停地跟我说："强哥，挺住！"听了这话，我心底的恐惧又增加了几分。

到了第一家医院，我问医生："要不要紧？"可是医生却说："这个病我们这里看不了，等救护车来了，直接送到大医院去。"

这一句话把我吓得半死。我站都站不稳了，以为自己没有救了，边上的员工都哭了。没过一会儿，医生又说了一句话："没事！没有生命危险。"我悬着的心才放下来。

救护车来了，医生把我抬上了车，直接给我接上氧气。这样，新一轮的恐惧又出现了。

医生安慰我说："没有什么事。"在救护车上，我第一次感觉到了生命的脆弱。

到了医院，我才发现，和我们打架的那些人也在这家医院抢救，而且还和我在同一个房间，想想那个场面真的很恐怖！医生给我缝针的时候，虽然打了麻药，但看着他们一针一针地缝我的皮肉，我对生命有了更深的体会。医生告诉我："你的命很大，一刀正好捅在胸口的骨头上，仅差1厘米就到心脏了。"

100%确定自己没有生病危险，我的心终于放了下来，也在这个时候，浑身的肌肉才慢慢地放松了，活着，真好！

所以，当经历了生死之后，我彻底明白了一个人活不是为自己而活。我们一定要让父母过上好的生活。所以我在培训业赚到第一桶金的时候给爸妈建了一套别墅，送了老爸一辆宝马。

生命，对于每个人来说，只有一次。从生命的开始之日起，便有了一个起点、开端。拥有生命，我们才有了希望，才会有更多的激情。昨天的太阳再也照不到今天的树叶，今天的树叶再也不是昨天的那一片了，我们要认真面对生命中的每一分钟。

这件事过了以后，我也把员工召集起来，先从自我检讨，也让员工检讨。我们要遵循"没事不惹事，有事不怕事"。但一定不能拿生命当儿戏，因为我们玩不起。虽然总有一天要死，但留着这副皮囊，我们才能完成自己想要完成的梦想，才能做出一些成绩去爱我们应该爱的人，才能不至于因为错误的解决方法，让自己受到伤害的同时也让自己的家人跟着受伤。

员工们也都认识到了打群架的危害，事后变得谨慎起来。因为，大家都明白了一个道理，生命很长，有时候又很短。我们活着是为了好好创造生命，让生命有宽度，而不是图痛快，想刺激，缩短生命的长度。毕竟，生与死的距离有时候很短。

励志语录

你的生命不全是你的，你不是为一个人而活。

不伤害自己，不伤害自己爱的人。

▶️ **很多时候知道正确的方向在哪里、知道事情的失误在哪里！可是偏偏不愿承认、不愿改变，都是内心的小我在作怪，都是跟自己在较劲，都不是外在的原因。一念之间就是两个不同的人生。**

人总要在经历一些事情后才能渐渐开悟，悟生的意义，活的意义，生活的意义。曾经，我想过，当我老了，眼眉低垂，拥有一个自己的独院儿，靠近海边，每天栽花种草，养一群猫猫狗狗，坐在屋外看鸟雀飞过蓝天，也像海子诗里描绘的那样，面朝大海，春暖花开。

而这样的一种老年生活，需要的却是年轻时的不断打拼，累过苦过，挣钱过也挫折过，才能修炼出这种心境，只争岁月不争其他。

经历了生与死，让我彻悟了很多人生的道理。原以为被捅的那一刀会让我小命不保，从极度恐惧的状态中听到医生说没有大碍，一下子有了一脚地狱一脚天堂的感觉，生活就像坐过山车。

在家休养了半个月，也彻底让自己思考了一下，想清楚了自己到底要什么。

有一次我问我的员工，问他们每个人的梦想和想要的生活。回答五花八门，又十分诱人。

有人说，我想要说走就走的旅行、可劲儿折腾也花不完的钱财。

有人说，我想买一幢老了可安享晚年的别墅，有病可医，闲时老友相聚，寂寞时有家人陪伴。

有人说，我想让父母提前退休，用我的能力去供养他们。

有人说，我想带领自己家乡的人致富，让每个人都尝到打拼赢了的胜利和成就。

每一个梦想都是那么美丽又充满人性的温暖，但是，所有的梦想不是只拿来想的。如果梦想不加上行动就会变成不切实际的幻想和空想。敢于梦想是好的，而为了梦想怎么去布局才是真的。

我一直告诫我的员工和伙伴们，遇事多问两个词，一个是"凭什么"，一个是"为什么"。

假如一个人想要跟你合作，是因为什么？是你个人实力强大还是经济强大，是你敢闯敢拼还是生意合作先让别人赢再达到共赢？

假如你有一个宏伟梦想，你凭什么？是天天做白日梦还是实打实去努力，是听凭别人的安排还是自己去积极规划和布局呢？

如果你的事业做得很顺利，就要用理智的脑袋去经营，用合法的方法去营业，不要等到一切都失去后才后悔莫及。任何一个人都没有后悔的权力，你所丧失的不仅仅是一份事业，更是一份心血。

距离过年还有 10 天的时候，员工都想回家，那时候也是店里最忙的时候，人手不够。

很多员工找各种各样的理由跟我请假，我只能先让家远的员工回家，但不巧的是，合伙人投资房地产失败，钱全部被套在了里面，我这边发不出工资。

我能看到员工脸上那种期待夹杂着困惑，他们比我更担心领不到工资，我大大小小还算个领导，瘦死的骆驼比马大，而每个员工都指望着这点儿薪水回家过年，我知道，无论如何都不能拖欠员工的工资。

距离过年只剩一个星期了，合伙人跟我说："陈文强，你放心好了，工资绝对不会拖欠的！"要提前回家的员工看到发不了工资，情绪很差，每天一上班就讨论工资的事情。很多人问我什么时候能发工资，我说："大家放心好了！"到了小年夜，合伙人跟我说："明天，钱一定到位！"

当初口头约定到年底一起算，可是……那时候，我身上只有 500 块钱。过年的前一天，员工都要走，我只盼着合伙人来给大家发工资。下午他来了，我以为他是来给大家发工资的，但他只是简单地跟我说了一句："别人欠我的钱还没有要回来，等到初八一定给大家发工资！"

我头脑里一片空白，不知道该怎么和伙伴们交代。在别人眼里，我们是一个特别牛的店。可是，过年我们店连工资都发不出来。我粗略算了一下，大概有20万工资。面对员工的抱怨我无话可说，因为他们也知道我和他们都是受害者。我不知道该怎么办好了，有的员工要找报社，有的父母都过来了……简直是乱套了。

从老家带来的5个老员工都和我在这里，每个人都只拿了100元过年。过年的时候，一个朋友借给我1000块，就这样我在青岛过了第一个年。大年夜，我带着25个员工到家里过年，现在想想真的很难受！

我又一次陷入了困惑，当你作为一个管理者，一个做事的人，如何让别人信服或是死心踏地地追随你，除了你的威信，还有你能切切实实带给他们安全感——员工的安全感就是辛苦了一年，能不能领到工资。对于他们，这是最低的诉求，而对于我，眼看着大家都没能领到工资，内心十分痛苦。

我担心，因为工资的拖欠会让一个战斗力极强的团队在精神上瓦解。很多时候，员工之所以要在这里工作，主要是为了收入。社会很现实，没有钱什么事情都做不了，当员工的生活因为工资而受到影响的时候，工作的积极性必然会下降，甚至还会离开团队。

当时，很多员工跟我说："强哥，我们知道你也没有办法，我们一点儿也不怨你，跟你干我们也从不后悔。过完年你说怎么做咱们就怎么做。"甚至有人说哪怕跟你干不发工资也认定你了。

听到这些话，心里特别感动，眼泪一下就流了下来，我为自己能在茫茫人海中和他们相遇感到无比庆幸。一直到现在，我都很感动，如果他们中的谁以后还想跟我干，我绝对会接受，真的是患难见真情啊。他们越是这么说，我心里越不是滋味，听着他们"强哥""强哥"地叫我，我必须要对人家负责。

可是短期内，我也实在无能为力，拿不出二十多万给这些兄弟姐妹应急。而好事不出门，坏事一夜就传千里。年底工资没有发的事情，青岛美发界 50% 的人都知道了。那时候，我感觉别人都是用异常的眼光在看自己，特别不舒服。终于到了正月十五，可是回来的只有 20 个人，有的人连工资都不要就走了。

到这一天还发不出工资，我意识到 20 万的工资肯定发不出来了，必须另想办法，不能让员工就这样白干了。从那一天开始，我把每天盈利的钱给员工分掉，用来抵他们的工资。

就这样，情绪是慢慢稳住了，但斗志却不在了。

由于工资没有发，走了 20 个员工，当时店里只剩下 40 个左右。过完年后店里的生意没有年底那么忙了，40 多人差不多够用。那时候最主要的就是提高员工的士气。我先从员工行为上面开始抓，每天早上第一件事情就是集训。3天以后，员工开始慢慢进入了状态。

接着，我开始抓目标管理。我提倡今日事今日毕，完成就奖励、完不成第二天早上就罚。一个星期之后，每天的业绩回到了5000元以上，基本上可以解决两个员工的工资了。大家看到了希望，半个月之后，就慢慢不聊工资的话题了。2个月之后，20万的工资都发完了。

发完工资之后，我真的感觉像是解脱了一样，之后事情开始慢慢顺起来。我也因此得出一个结论，业绩都是被逼出来的！管理水平也是逼出来的。

以前的美发行业对新老员工大多采取洗脑的教导模式，甚至还有批斗模式，经常见美容美发店门口立着很多年轻的人，前面一个所谓的领导指手画脚，高谈阔论。而随着发展，美发行业从业对象逐渐年轻化，80后甚至90后的这类人群从小接受多样的价值观和信息，有个性和自我见解，并不乐意接受所谓的谆谆教导，在家比较反抗父母所谓的唠叨，走上工作岗位也不愿意服从一个碎嘴婆一样的领导。再者，员工接受信息的渠道更多，观念更新颖，不再轻信或盲从他们认为对自己没有价值的观点。他们更愿意在解决问题的过程中成长。

这些员工心中认为的好领导是做事应亲切不骂人，和他们是一条战线上的战友，而不是动不动就冲他们吼，有了问题先对人再对事，不问青红皂白骂员工。他们希望领导者能控制情绪，不是高高在上的，是和下属在一起的工作伙伴，不是每天一开门就站在店里训话，不顾员工情绪，没有时间观念，一训好几个小时，而且全是高压政策：做不好罚，做错了罚，没达业绩罚，眼里只有业绩只认钱，不顾员工也是正常的人，也需要被尊重和理解。

很多管理者抱怨："真搞不懂90后的员工怎么回事，我们对他们已经够忍让的了！他们要求一箩筐，但做起事来却懒懒散散。到底要我们怎么做，他们才满意？"而这些员工则抱怨："为什么领导就是不理解我，不信任我，我的能力比谁差啊？天天叫我干这干那，干完还不满意，这简直把我当驴使！"

因为业绩下降的问题，我也曾控制不住情绪，冲员工发过脾气，但收效甚微。我发了一通脾气，他们表面似乎变乖了，可内心并不买账，而是把怨气放在了工作中，服务客户更不用心，带着情绪工作直接导致业绩下滑。后来我自己总结，员工需要的不是教导。一个店出了问题，首先管理者要自我检讨，自查自省才能去要求员工。有一阵子，我每天第一个到店，最后一个离开。制度上规定九点上班，等到员工九点来打卡上班的时候我已经把店里的卫生全部搞完了，甚至在最忙的一段时间，我每天都睡在店里。同行的店铺开门迎客的时候店里还是乱七八糟的样子，而我们的店铺早已窗明几净，好的环境带给客户和员工的直观感受就是舒服。

这么一来，员工有样学样，他们看着作为管理者的我并没有端架子，并没有享受特权而是给店里打扫卫生，积极性被调动了起来，渐渐一个学一个都开始提前上班，而不是卡着时间到岗。到最后，我们店里都不再用打卡机做考勤，也没有迟到的员工。遇事员工也不再推三阻四，而是敢于承担。因为他们知道，我不会责难他们，对一个问题我会深入调查事发的根源，而不是首先批评犯错的人。这就是表率的作用，绝非生硬的说教和灌输。而收到的效果却是事半功倍的。

我挺过来了，不但顶住了欠下 20 万工资的压力，而且悟出了管理的真谛，让员工有了新的凝聚力。

那时候我欠下了 20 万工资，没有离开，熬过来了。现在我发现，可能曾经发生的事故当你成功以后就变成故事了，每一次的失败都是最好的安排。

📣 励志语录

让别人追随的最好方法，先做别人想要的，再做自己想做的。

梦想可以有，去实现梦想的时候要问自己"凭什么"。

失败不可怕，也许是成长路上最好的安排。

▶️ 不要每天坐着等奇迹发生，不要有了困难就停止向前，任何奇迹发生之前必经一番努力，风口来了猪都会飞的年代，拼速度拼能力的时候到了，你不主动去争取创造，只有呆望着别人成功！放弃很容易，但你最终会一无所得；坚持很难，但你最后一定会有所收获！成功并不在于别人走你也走，而是在于别人停下来你仍然在奔跑，让我们一起实现梦想！

作为管理者，也许你在繁忙的工作中忘记了曾经无意间对什么人许过什么诺言，或者有人认为轻许一个诺言根本不重要，但是，你的员工会记住你答过他们的每一件事。身为领导，任何看似细小的行为都会对企业和他人产生影响。要警惕这些影响，如果你许下了诺言，你就应该对之负责。

坚守承诺，是一种责任。认真履行自己许下的诺言是一种担当。我说过，一旦店里有起色，就会带着员工放松，给他们激励。

5月中旬的时候，我带着10个员工一起出来旅游。因为那些员工大多数都是北方人，从来没有来过南方，所以玩得都特别开心。一路上，大家疯狂地购物和疯狂地玩。

旅游之后，员工都特别开心。出来玩的时候，大家拍了很多照片。我知道，榜样的力量是巨大的，就把那些照片放在店里的文化栏里。当员工心态不好的时候，看看以前快乐的样子，心情就容易调整好了。更重要的是，新来的伙伴们看着这些照片也会感觉店里气氛不错，容易被感染，顾客也能感受到店里浓浓的和谐氛围。

我对于管理也总结了一些个人的心得体会。古人云"天时、地利、人和，三者不得，虽胜有殃"。带兵打仗如果没有天时、地利、人和，就算胜了也会有隐患。延伸在管理中，我想说，一个团队的精气神正好符合作战的天时、地利、人和。如果团队没有精气神，这样的企业走不远。美发行业作为一个竞争比较激烈、店面多、倒闭的也多的行业，大部分从业人员都属于普通收入阶层，甚至有一大部分从业者因为无法突破发展的瓶颈陷入了事业倦怠期，还有一部分人改了行。是什么导致这一现象的发生呢？就是这个行业团队缺少精气神。

精，我指敬业精神和团队精神。纵观各行各业的精英，在自己所处的领域做到行业翘楚，凭的全是热爱，是对自己所从事行业的虔诚信仰。干一行，爱一行，因为爱才能钻研，钻研才会让自己升华，最终成就事业。美发行业从业者无论是学历背景还是社会地位都不高。导致很多专业人才只把技术服务当成劳务，使工作变成一场换取经济来源的交易。并没有百分百热爱这个行业，没有把自己的终身理想放在事业上，缺乏执着的爱岗敬业精神。再者，很多从业人员有自己的客户资源，在工作岗位上表现出来的就是我有资源所以牛气，都很有个性，不认同自己的领导或主管，表现出来的态度是不合作，不分享，没有团队精神。

气，我指气度、气量、气质。一个团队，要有容人的气度和气量。要对比自己能干的团队同事心存敬慕，带着谦虚的心向其学习，使自己提高。而不是气量狭小，忌妒能力比自己强的人，使绊子耍阴招。更要有服务客户的意识，不能有歧视顾客的心理，有富客户也有穷客户，有好说话的客户也有挑剔难缠的客户，一旦不珍惜客户，员工就会懒得沟通、敷衍了事，甚至做出乱抬高价，欺哄客户的行为。另外，团队的整体形象气质也是关键。

神，我指反观自己，内省自己。作为一个美发行业从业者，要时刻保有"每日三省吾身"的精神意念。时刻让自己求新求变，有上进心。专业的美业人员靠什么安身立命？有句话说得好，"卖过去的技术穷困潦倒，卖现在的技术安居乐业，卖未来的技术飞黄腾达"，要有向百家取经的低调，又要有独具匠心的高调。敢挑战自己的任务，扛起责任才能提升自己，提升整个团队业绩的开始。

正是基于这样的认识和理念，我们的生意做得越来越好，积累了很多老顾客。很多老顾客都成了我的朋友，大家经常联系，没事的话一起聊聊天也是蛮不错的。从管理者的角度讲，员工开心，顾客就会很开心；顾客开心了，店里的生意就会非常好。

很多老板咨询我为什么员工不好管理。如果每个员工都能从工作中找到自己的快乐，自然就会有激情去工作；反之，如果找不到，就会消极应对。因此管理者要发现员工的需求，找到了员工的需求，就能让员工更有激情地工作。

无论在什么企业，员工都是最重要的因素，甚至可以说是最重要的资产。关注他们，满足他们的需求，企业才能大有收获。如果领导者能给员工提供培训和发展的机会，帮助他们理解自己，你就可以创造出一个成功的团队。

员工是组织的核心资产，要想引进并留住最能干的员工，就要了解他们的个人愿望和需求。当员工的愿望得到满足的时候，他们的积极性才会提高，企业的效益才会增加，管理者一定要重视这一点。

📢 励志语录

诺不轻许，坚守承诺是一种责任。

带兵打仗需要讲究天时地利人和。

做企业，创团队，员工是核心竞争力。人心齐，泰山移。

▶️ **如果你不努力，一年后的你还是原来的你，只是老了一岁；如果你不去改变，今天的你还是一年前的你，生活还会是一成不变。最容易做的是放弃，最需要勇气的是坚持。**

无论是生活还是创业，不会总是风平浪静、一马平川的，总会有这样或那样的麻烦和困扰。而我经常对自己说，人生不要轻言放弃，因为你永远不知道下一刻将会发生什么！

原本以为生意会一直顺风顺水做下去。事实上，我又把事情想简单了。

在青岛与合伙人合作的过程中，因为一些观念和其他纷争，我们之间闹了一些矛盾，我觉得一个团队里，两个属于管理岗位的合伙人有了矛盾，一定会影响整个团队的士气和斗志，而且小矛盾一旦积攒起来就会成为大矛盾，到时候本来因志趣相投而在一起做生意，会变成因反目而分道扬镳，我不想让自己走到那一天。于是，便决定放弃所有，孤身一人离开了青岛。

我自己也没想到有这一天，我在青岛辛辛苦苦打拼了两年，最后带着失落的情绪和仅有的 500 块钱回到了苏州。

以前看过一个故事叫《沙漠尽头的水瓶》：

一个人在沙漠中迷失了方向，当死亡一步步逼近的时候，他突然发现远处有一所旧的茅屋，没有窗户，也没有屋顶。他艰难地走到那里，在茅屋快要坍塌的墙壁旁有限的一点阴凉处，躲避着高温和沙漠中灼热的阳光。他环顾四周，欣喜地看到一个生了锈的泵压水井。

他拖着沉重的身躯靠近水井，拿起手柄，开始用力往下压，一下，又一下，然而一滴水都没有打上来。

他绝望了，一下子倒在地上。忽然，他又发现在他的旁边有一个瓶子，发现里面竟然装满了水，抹去上面的尘土，看到有个字条写道：我亲爱的朋友，要想使用水泵，你必须首先把这个瓶子的水灌入井中，然后请在离开前请将水瓶灌满。

他拧开了瓶盖，然而此刻，他又突然意识到自己陷入了两难的境地：如果喝下瓶中的水，他将得以生存下去，但如果把水倒入井中，那还有可能打上来更多的清凉爽口的水，想喝多少就可以喝多少，又或许正好相反，即便把水倒入井中，最终还是一滴水都没有，而那时瓶中的水也享受不到了。

他该怎么办？刹那间，他决定把水倒入井中。然后，迅速抓起手柄，开始压水，可是依然没有一滴水流出来。他没有放弃希望，用尽全身的力气，这时水井发出隆隆的响声，继而流出长线一样的水流。水流开始慢慢变粗，终于，他看到了井中的水如泉水般哗哗地流了出来。迷路人迫不及待地把瓶子装满了水，一口气喝了下去。

然后，他重新将瓶子装满，准备留给后来的路人，并且在字条上加了一句："相信我，这是真的！"

当我来到青岛以为自己能从此扬帆起航的时候，没想到最终如同走在沙漠中的旅人，口渴难耐。我只有把心中尚存的一念变成那瓶仅存的水，给自己信任，相信自己能卷土重来。

人生就是选择，而放弃正是一门选择的艺术，是人生的必修课。没有果断的放弃，就没有辉煌的选择。与其苦苦挣扎，拼得头破血流，不如潇洒地挥手，勇敢地选择放弃。只有学会放弃，才能使自己更宽容、更睿智。

只有当机立断地放弃那些不切实际的东西，你的世界才能风和日丽，晴空万里，细水长流，你才会豁然开朗地领悟"小舍小得，大舍大得，不舍不得，越舍越得"的真谛。

当一切尘埃落定，当一切旧事回放，当一切归于平静，我们才会真真正正懂得放弃的深层意义。

回到苏州之后，我整整颓废了2个月，我从青岛回到苏州前，在苏州也开了一家店，可是也没有什么心思去经营，好像不管是赚钱还是亏钱，跟我都没有什么关系了。每天我都是睡到下午2

点才起床，晚上从6点开始喝酒，一直喝到凌晨2点左右。那时，我感觉自己跟"2"那么有缘，怪不得那么"2"！

那时候，我真的很穷，有段时间甚至连饭都没得吃了。我只好将手机抵押给了手机店，什么时候有钱再回来赎。现在想想，如果不是被逼到头了，谁会这样？抵押的那个手机到现在还没有拿回来呢。

我内心的希望被现实中的颓废打击得一蹶不振，后来老爸的一句话，让我彻底觉醒了！

老爸对我说："陈文强，只要你拿出创业时的激情和状态，你就能快乐起来！"老爸的这句话让我彻底清醒过来，是呀！创业的失败我都不怕，我还怕这些吗？

老爸平时话不多，但是每一句话都特别有道理，经常给我一些特别的启发，这是我最佩服老爸的地方。从我创业以来，老爸对于我的事情都给予高度认可，让我在做事情的时候，心理特别温暖。

我决心重新做回自己，重新开始自己的人生旅程。早上醒来，我在床边写了这么一句话：陈文强崛起，勇往直前。

英国哲学家约翰·密尔说："生活中不管是最伟大的道德家，还是最普通的老百姓，都要遵循这一准则——在充分考虑到自己的能力和外部条件的前提下，进行各种尝试，找到最适合自己做的工作，然后集中精力、全力以赴地做下去。"

我知道我的颓废已经影响到父母，父亲用他一辈子积淀的智慧和一个生意人的精明给他的儿子打气，让我重新意识到，自己不能就这么浑浑噩噩下去。如果这个时候放弃了斗志，还怎么从头再来？

我重新着手开店的时候，也遇到了重重阻力和障碍。有了几年的失败经历，再也不能掉以轻心，不断提醒自己，要么不干，要干就要干出个样子来。再不能被短暂的胜利冲昏头脑。

开店不是儿戏，投入的资金和精力是小事，让所有为自己工作的伙伴和员工长足发展才是大事。

1 年不到在苏州又开了 2 家店，就这样，苏州的事业慢慢有了起色。

那时候，我觉得自己的想法不错，就联系到了一个北京做文化传播的朋友。我特地飞到北京把他说服，一起来做这个公司，我说："我来投资钱，给你 40% 的干股。"就这样，我们的合作开始了。

其实，那时候做公司我什么都不懂，只是自我感觉很好。但是在发展的过程中，我才逐渐发现，一切都不是那么简单。前期预算投资 50 万，结果超出预算 70 万。

开始的时候我对公司信心十足，但是看到 6 个月连 3000 块钱都挣不到，我的脸都变绿了。公司每个月基本开销要 5 万左右，业务部主要是推广顾客，可是由于公司产品不是很好，8 个业务员都没有到市场上去跑，整天都坐在办公室里，经营了 6 个月又亏损 120 万。人生在再次跌入低谷。

开始的时候，我们将业务定在形象设计。后来，由于不太好做，又改成文化传播；开始做的是化妆培训，后来改成了礼仪培训。我每天都带着他们出去跑业务，天天出去推广，辛苦不必言说。

其实，那个时候我们根本就没有好老师，所有的操作都是盲目的。就这样，两个月的时间过去了，只接了一张将近两万的单子。接到这个单子我们都很兴奋，可是由于缺少老师，最后单子还是没有做成。

回到公司，我的朋友想来想去，想出了很多的点子，比如：瑜伽、摄影、美容、业余舞蹈培训等，最后还是选择了美容培训。于是，我们就让员工学习美容的知识，还特意找了一个美容老师来给他们培训。可是，折腾了 2 个多月依然招不到学生。

我们再次回到办公室，聊起了公司的运作，我说："还是做美发培训吧！"就这么一个念头，让我踏上了美发培训的行业。

创业之路，注定要承担众多责任和委屈，同时也会享受到不一样的人生风景，没有人会叫你起床，也没有人为你买单，你需要自我管理、自我约束、自我学习、自我成长、自我突破。人都是逼出来的，人的潜能无限，安于现状、故步自封，你将逐步被淘汰；逼自己一把，突破自我，你将创造奇迹！别对自己说"不可能"！每天早上醒来，告诉自己：你有两个选择，要么平凡地度过今天，要么选择创造生命的奇迹！我选择了后者。

有句格言说得不错："拖延等于死亡"。只有形成立即行动的好习惯，才会站在时代潮流的前列。成千上万的人都拥有雄心壮志，为什么很多人没有如愿以偿，甚至在温饱线上挣扎？因为，大多数人一直都在拖延行动。

很多人并不是不想行动，只是想过一段时间再开始，这样一晃就是一生！在我们身边，很多人都会说："我知道今天该做这件事，但是今天我情绪不好、状态不好……这件事肯定做不好，还是以后再说吧。"于是，开始拖延。他们会把该做的事放在一边，去做那些比较容易、比较有趣的事。但是，一件事值不值得做，不在于它能带来多少乐趣，而在于它对自我完善的作用。

其实，你只需要强迫自己做一次，就能找到行动的感觉。一件看起来很难的事情，有时候只需要几分钟就可以开个头，就能

115

让人进入行动的状态、踏出第一步，但是有很多人拖延了一辈子也没付出这几分钟。

📢 励志语录

信任是一种力量。

好走的路都是下坡路，纵然有风有雨，也不轻言放弃。

认为对的事情，就去做，不拖延，不给自己反悔的余地。

ZAICHUANG
HUIHUANG

第三部分

**信念，
让生活重现希望**

▶◀ 人越是怕丢人，就越在乎别人的看法。越在乎别人的看法，就越会忽略自己的感受。越忽略自己的感受，就越像木偶一样拼命活给别人看。最后，一步步将真实的自我囚禁在了深深的黑暗里。不在意别人，跟着自己的心走下去就是最正确的。

是什么让一个人成功呢？我相信，没有成功的人一定会说出N条阻碍成功的理由，而成功的人或许就只说一条：因为心里始终梦想着成功，心有所想，行有所为。而我认为，心有所想就是内心把持的一种笃定信念。

很喜欢一句话："心有多大，舞台就有多大；梦有多远，人生就有多远。"生命因梦想而美丽，人生因拼搏而精彩。我相信，因为有梦，所以我们有动力；因为有梦，所以我们有未来。因为有梦才敢去拼搏。

梦想的力量是毋庸置疑的，这从中华民族五千年历史上可见一斑。古往今来，我不敢说每一个有梦想的人都取得了成功，但是每个成功的人必定有一个自己敢于为之拼搏的梦想。

为什么一个老板再难，也不会轻言放弃，而一个员工做得不顺就想逃走？

为什么一对夫妻有再大的矛盾，也不会轻易离婚，而一对情侣常为一些很小的事就分开了？

说到底，你在一件事，一段关系上的投入多少，决定你能承受多大的压力，能取得多大的成功，能坚守多长时间。

冯仑说，伟大都是熬出来的。为什么用"熬"，因为普通人承受不了的委屈你得承受，普通人需要别人理解、安慰、鼓励，但你没有，普通人用对抗、消极、指责来发泄情绪，但你必须看到爱和光，在任何事情上学会转化消化，普通人在脆弱的时候需要一个肩膀靠一靠，而你就是别人依靠的肩膀。

最难的不是别人的拒绝与不理解，而是你愿不愿意为你的梦想而作出改变！

一个不会游泳的人，老换游泳池是不能解决问题的。

一个不会做事的人，老换工作是提升不了自己的能力的。

一个不懂经营爱情的人，老换男女朋友是解决不了问题的。

一个不懂正确养生的人，药吃得再多，医院设备再好，都是解决不了问题的。

所以，一念到天堂，一念下地狱。心在哪，成就就在哪！心有多大，舞台就有多大。

为了心中那份信念，我重新给自己定位，我要做美发学员培训。

对我来说，最初涉足培训业并不是什么高大上的信念和梦想，而是——被逼无奈。

在过去，我们做过很多尝试，结果都不是特别好。不知怎么的，我就有了一种不成功便成仁的感觉，这次也是我做得最大胆的一次尝试。

我知道，做培训业最快速的方法就是进行课程推广，举办自己的演讲会。而我从很久以前就梦想自己有一天也能站在台上激情飞扬，给别人演说，讲我的情怀，讲我的梦想，以及一路走来的知足与不易。所以我决定开始筹办自己的演讲会。思路清楚了之后，我便采取了果断的行动。开始的时候，我们筹备了一场大型的活动，用来推广美发技术。虽然说对公众演讲我还有些恐惧，可我还是这样做了。

我们将那场会定在11月24号。年底一般发廊的生意都比较忙，所以出来学习的人不是很多，可是为了给团队确定一个清晰的目标，我只好硬着头皮往上冲。

按照我们的预算，门票可以卖到200元一张，只要有300人参加就不会亏本。由于是第一次做，没有什么经验，所以我请了很多朋友帮忙。这些人都是在美发行业做得非常出色的人，既是课程嘉宾，又是课程推广者，那一次我们投入了很高的成本！

发布会是在五星级酒店举行的，开始的时候200元一张票，大概卖了 20 张，可是看到时间越来越近，我们便 100 元一张。眼看还剩下一个星期了，推广的还不到 50 个，我们只能免费送票给别人，为了拉到人气，我们白送。

就这样，发布会如期召开！当天来了 300 多人，气氛很活跃，特别是在一阵激情的舞蹈之后，现场真是"爆炸"了。那天，我做主持，第一次在这么多人面前说话，我还是有点紧张的。下午我请了老师做技术展示、教授技术课程。晚上，我正在陪意大利的老师吃饭，有个朋友说："你今天肯定乐坏了！"其实，他哪里知道我表面上看起来非常开心，其实都是装出来的，因为下午一个技术课程都没有卖掉。在酒桌上，我一杯接着一杯地喝着，心里也说不好是什么滋味了。

饭局结束，送走了朋友之后，我又回到了课程现场。听课的人明显少了很多，在快要结束的时候，那个老师推广他的 880 元的课程，可是只有 2 个人报名，一个是我的学员，一个是我以前的员工。

现场冷冷清清，学员陆续离开，那时候我可能喝了点酒，壮了一下胆，冲上舞台分享了我因为学习改变自己命运的故事。

我虽是一个血气方刚的男人，却因为接二连三创业跌跌撞撞，内心已经让自己认怂了。酒给了我勇气。上台后我一点也不紧张了，就像是给员工开会一样，收放自如。最后，很多人都给我鼓掌，结果第一次演讲就帮老师成交了5个人。后来我总结，演讲，只要你讲真话，讲对别人有帮助的话你就不会紧张。

到现在，回过头再看我第一次的演讲经历，我总结出所谓的演讲能力就是你从心底发出最真实的声音，你若有情，你的听众就有情，你若有爱，你的听众就有爱。

课程结束后，我安排了员工一起聚餐。几天来大家都没有睡好觉，在一起简单聊一下，放松一下……那天晚上，很晚我才回到家中。一进门就直接躺在了床上，我睁着眼睛，盯着白色的天花板。我算了一下一整天的收支状况，亏了整整5万块钱，存款又全搭进去了。我越想越不是滋味，这次真的是赚到了名，失去了钱！

第二天，我傻傻地在办公室的椅子上坐了一天一夜。窗外的天依然那么蓝，树依然不管不顾地绿着，行人在街上穿梭，与自己毫不相干。而我自己的内心却起了翻江倒海的变化。我问自己，路在哪里？明知生活要继续，可我真的不知道接下来的路何去何从。办公室里放着悲伤的音乐，我整个人陷入了自怨自艾，感觉世界不公平。可是那时候我暗暗地给自己做了一个大胆的决定，我准备把苏州3家赚钱的发廊全部卖了，一定要在中国培训业创出自己一片天地。我一定要成为一名超级演说家，5年时间内一定要办一场属于我的万人演讲会。

为了让自己不懈怠，我向周围的亲戚朋友立下了豪言壮语，承诺自己一定要当一个超级演说家，意在让所有人来监督我。

所以，我必须按照自己认为对的路走下去。

想想每当我跟我身边的人说出我要成为一名超级演说家，我要办万人的演讲会，所有人都是用怀疑的、嘲笑的口气跟我说陈文强你怎么天天在做梦，你是一个初中没有毕业的人，你只是一个开美发店的小老板，怎么可能，醒醒吧。可能在我 26 岁经历了风风雨雨后，自己的内心变得强大很多。每当别人打击我、嘲笑我的时候，我就默念 3 个字"普通人"。

我安慰自己"燕雀不知鸿鹄之志，普通人是听不懂成功者说的话的"。我还把马云当偶像，最初马云说未来是互联网世界的时候，别人还在说他痴人说梦，可最终他成就了阿里巴巴帝国。

我相信自己，也坚信自己选对了路，能做的就是心无旁骛，一直走下去。

🔊 励志语录

走自己认为对的路，并坚持下去，最终会柳暗花明。

▶ 摩西奶奶这样说过，"任何年龄的人都可以作画""做你喜
欢做的事，上帝会高兴地帮你打开成功之门，哪怕你现在已
经 80 岁了"。追求的后面没有句号，人生没有太晚的开始，
只要你听从内心的召唤，勇于迈出第一步，人生的风景就永
远是新奇的、美妙的。

新东方俞敏洪先生说过，能到金字塔顶的有两种动物，一种
是雄鹰，一种是蜗牛，而我们普通大众，雄鹰者稀，蜗牛者众。
想要过上自己想要的人生，没有雄鹰的翅膀就得有蜗牛的坚韧。

而我认为自己当时的状态就是一只蜗牛，每天向上爬一米，
要掉下来半米，第二天还得继续爬一米。

从苏州到青岛，又从青岛回到苏州，一共花费了我两年的时间。
我就像是一个新兵蛋子，打了一场战争，唯一的收获的就是见识
了真正的战场。当我因巨额负债离开苏州的时候，真不知道自己
什么时候才能重新回到这里。

在青岛又一次失利，辗转回到自己熟悉的"根据地"，我知道，
无论多少次的兜兜转转，我终将面对自己的热土。

真正意义上回到苏州，是在我和青岛的合伙人分开之后。苏州的店，不仅赚不到钱，每个月的房租我还要交纳。这对我来说，是一个很大的问题，我只能勉强维持着。

父亲告诉我不要消沉，我也知道消沉等于自我毁灭，唯一能做的，就是自己不被现实打垮。

我告诉自己，活着就该努力，有梦想就该追求，年轻就该奋斗。

我知道，如果一直消沉下去，公司肯定会关门大吉。

我一直给自己鼓劲儿，做事之前别怕自己不擅长，因为我们每个人在开始做一件事情之前，都不可能是某个领域的专家。只有敢去尝试，才是迈出成功的第一步。

在我个人身上，最大的短板就是我没有高学历。每次看到招聘单位和应聘者在简历那一项里填写着本科或者更高的学历时，总会想到自己当年未完成的学业和"光荣"的退学经历。

为了能好好演说，我必须学习。

走过了生活中的起落，现在我拥有自己的店，自己刚刚起步的事业和团队，也收获了很多头衔，比如强哥，比如陈总，比如演说导师。而我总会问自己，未来十年，二十年，我是谁，我有什么。

你是谁不重要，重要的是你有什么。或许我们可以用一种减法来思考，倘若有一天，我们没有了现在的工作，没有了现在的收入和成绩，那我们还是什么？我希望，如果有一天我没有了目前所拥有的一切，我依然还可以是我自己，仍然能每天微笑，从容地往前走。我也不断找来那些优秀的演说者，听他们的演讲。记得有一次听演讲，演说者抛出这样的问题：想一想，10 年后，你会变成什么样子，10 年后，你会住在什么样的房子里，10 年后，你会拥有什么样的交通工具，10 年后，你会做现在一模一样的工作吗，还是会变得更老、更胖、头发更白、烦恼更多？

听了他的演讲之后，我给自己规划了 5 年后的我。这是一幅美好的画面，这里没有艰难险阻，只有我想拥有的资源、天才团队、贵人的帮助、健康的身体。

我认为，人生没有太晚的开始。如果我现在不努力，明年我依然是这样，不但不进步，反而会退步（当然会退步，一年比一年老呀）。

当我解决了生存的问题，摆在我眼前的就是如何发展。我不能这样天天欠债度日，如何让自己挣钱是关键。我开始了学习，学习销售演讲。最初演讲的时候，不论哪个朋友有需要，我都会去免费帮忙。

当我在台上免费帮人做销售演讲的时候，很多同事不太理解，有的好心劝我，"为什么要免费分享。你在台上分享的时候别人早已经出去拜访了几个客户，你这不是损失吗？再说，你的分享也没人给你工资和补贴。"每次听到这些"良心"忠告，我都一笑了之。因为，我知道我自己要什么。

当你有一碗水，你最多只能给别人一碗。假如你有一桶水呢？最少也能给别人半桶，假如我们要为自己挖一口井呢，还愁天下无水喝吗？而跟人分享经验和传递知识理念就如同在挖井造管道。为了有话可讲，我每天都要恶补知识：人际沟通的知识，口才学等。那时的自己像块海绵，贪婪吸取着多方面的知识养料。因为我坚定地相信，自己的路是对的。短期来看似损失了个人的时间，长期来看却收获了更多的认同和知识。后者是更大的所得。

人生就像一只储蓄罐，你投入的每一分努力，都会在未来的某一天，回馈于你。而你所要做的，就是每天多努力一点。选择一条自己认为正确的路，努力起来就有了动力和激情。

📢 励志语录

活着就该努力，有梦想就该追求，年轻就该奋斗。

即使是做一只蜗牛，也要做一只敢于爬上金字塔的蜗牛。

人生就像一只储蓄罐，你投入的每一分努力，都会在未来的某一天，回馈于你。

⏭ 人脉不在别人的身上，而藏在自己身上，唯有让自己变得强大，你才能获得有用的人脉！所以，努力学习，提高自己才是当下要做的事。不要指望你的人脉一夜之间变成你的贵人帮助你，还是去提高自己、投资自己，好好学习，让自己变得足够优秀吧！

以前我对于"融入一个圈子，壮大你的人脉，成就你的财富"这句话是坚决维护的，而现在我的看法改变了。因为，想要融入一个圈子，或者是搭上人脉都很容易，难的是，别人理不理你才是关键。我常跟身边的朋友说，如果一个人不优秀，认识谁都没用。

我以前也接触过所谓的大人物，交流甚欢，蛮投缘的，相互留了电话。原以为这是很重要的人脉资源。在最贫困潦倒的时候，我以为我的这个人脉能为自己所用，于是，曾长长地发给他一条短信，没回！又打去一个电话，结果："您拨打的电话正在通话中"。

说实话，当时很有挫败感。你以为的"人脉"，根本连你是谁都不知道。

我在穷困潦倒的时候，别说朋友和圈子，即使是亲戚朋友也害怕我打电话求助。只有优秀的人，才能得到有用的社交！如果你不够优秀，人脉是不值钱的，它不是追求来的，而是吸引来的。

当我在办公室座椅上躺了一天一夜，感叹自己的处境，苦于找不到出路的时候，看到了苏引华老师的名片，而且苏老师的公司也在苏州。

正是得益于苏老师的帮带，才有了后来一天天改变的我。

那时候苏老师不到 30 岁，开着奔驰，虽然很年轻，一个课程却能卖到一万多，而且每次开课都有三五百人。我心里想他有可能帮到我，因为我要找一个教练。教练的水准决定了选手的水准。那时候如果我还是自己摸索下去，公司只有倒闭。读万卷书不如行万里路，行万里路不如高人指路。

鉴于之前有过被人拒绝的经历，我并没有信心马上打电话。内心挣扎了一个小时后，我拨通了电话。电话那头的声音充满了活力和正能量，而我的声音要死不活的，我说："苏老师好，你在苏州吗，我去你公司拜访你可以吗？"苏老师毫不犹豫地答应了。

那天下午，我打车到了苏老师的公司。那时候我自己真的很颓废，说话都是支支吾吾的，可是他却很有耐心地听我讲。我说的话充满了抱怨，抱怨团队，抱怨合伙人，而他一直在点头微笑。聊了一小时之后，我的心情舒坦多了。

苏老师没有给我讲大道理，也没有替我分析处境，而是扮演了一个特别好的倾听者，他在听我倒苦水，听我抱怨各种生之不易、遇人不淑。临走，苏老师送给我一本书，《敢走自己的路》，和一张"三天两夜"的学习门票。

这本书讲述了苏老师的坎坷的成功之路。20岁的时候，他举办演讲，仅仅一天的时间就亏损了近30万。看到这里，我偷偷地笑了起来，他以前居然比我现在还惨！

心里那根带点儿邪恶的弦儿被拨动了，原来我崇拜的苏老师，他也有灰暗的时候，他现在早已走出沼泽获得新生。我拿着苏老师给的300多页的书，只用了两天时间就看完了，我突然开始崇拜他。

面对众多的失败，苏老师还是坚强地挺了过来，最终成就了自己的事业……这些故事给了我很多的启发。我对自己说，今天亏损的钱就当是交学费了，总比以后栽大跟头要好得多，大不了一切又从头再来！

一个星期之后，我听了苏老师的演讲。在三天两夜里，我彻底被苏老师吸引了。

当时我很想报名参加 21 天老鹰训练营，可是一想到自己的口袋里只有 500 元，我便退却了。

思想斗争了 1 分钟之后，我还是冲了上去。我说服了坐在我旁边的店长，用他的女朋友的信用卡直接刷了 12800 元。后来，又报了一个 2980 元的演讲班。课程结束，那时候身边的人又都说我被洗脑了，但是我坚信只有成功的人才能教我如何成功。那时候苏老师也只有 30 岁左右，我觉得一个人要想快速成功，必须要跟年轻就成功的人学习。那时候我的目标就是要把自己的培训做好，所以没有人能阻挡我前进的脚步。

苏老师的演讲班课程一共有五天四夜，上完之后，我彻底懂得了如何演讲、演讲要注意哪些细节、成交要注意什么。通过学习，我终于找到了方法。那时候我就下定决心一辈子跟随苏老师学习。

课程结束后，有一次聚餐，在我的脑海中突然出现了这样一个想法——拜苏引华老师为师！我下定决心之后，泡了一杯茶递给苏老师，然后就直接跪下了。令人意想不到的是，他居然接受了。这是我人生中第一次给别人跪下磕头。我也是苏老师收的第一个徒弟，现在苏老师的弟子遍布全国各地有 1000 多个企业家。我决定拜苏老师为师是我一生做得最对的决定。因为跟随苏老师短短 2 年的时间，我的人生发生了改变。

人生真正的转折点。

"21 天老鹰训练营"，彻底洗礼了我。

当你事业和家庭出现问题的时候要懂得让自己蜕变。在老鹰训练营，每天早上 6 点就要起来，晚上 12 点才能睡觉。以前的我每天中午 11 点才起床，21 天至少把我睡懒觉的习惯给改变了。在老鹰训练营的前 3 天，苏老师分享了思维导图，通过学习思维导图，我理清了公司的组织架构和我 10 年的人生规划。以前没有学习过思维导图感觉思路乱乱的，可是通过给自己画了 2 张导图，一眼就知道了的公司的核心和规划。

在 21 天中，我们学习了团队打造，我深深了解到了团队打造的意义。我了解到了经营团队就是经营希望。在学习团队打造的时候，我们还去了外面拓展，让我感触最深的就是"飞龙在天"这个游戏，我们每个人要爬到一根 8 米高的铁杆上面，然后往前跳，抓住一根 1.2 米远的铁杆，如果抓不到就得从 8 米高的地方掉下来。一开始，别人在挑战的时候，我在下面看，觉得这没有什么恐惧的，可轮到我的时候，心里开始有点恐惧。当我爬到 8 米的时候，两个脚就开始不停颤抖。那时候我只有一个信念，如果抓住了就等于赚了 1 个亿，结果我挑战成功了。

在老鹰训练营，苏老师又教了我们商业模式和盈利模式，在听苏老师讲商业模式的时候我晕了，那时候苏老师问我商业模式、核心竞争力的时候，我真的一问三不知。

听完了 4 天的课程，我才懂了明星产品的重要性，所以才立志打造中国服务销售第一品牌。

参加完老鹰训练营，我们每一个人都脱胎换骨、改头换面了。那时候我才真正有了一个明确的人生目标。在 21 天里，我懂得了思维导图、领导力、商业模式、团队打造、潜能激发、说服力、谈判、攻心销售……这时候，我才发现，学习可以改变命运！发自内心地感恩我生命中的恩师苏引华老师，因为他彻底点燃了我。

通过学习，我真正明确了自己的人生目标。就这样，公司慢慢地步入了正轨。要想演讲好，必须不断练习。那时候，公司一共有 5 个业务员。我的课程有了成交，慢慢地，我就走上了讲师的路。

经历了公司的亏损，我终于明白了：不管过去发生了什么，现在才是最重要的！在成功的道路上，只要你偏执地一定要，就一定能获得你想要的，最终成就你的人生。亲爱的朋友，你是要，还是一定要？如果是一定要的话，你该怎么做？

最让我受益的还有一句话，苏老师曾跟我说，不要以为拜了一个师傅，就觉得自己从此跨进了成功的大门，你不优秀，认识谁都没用。

这句话成了我的座右铭。既然我从崇拜苏老师到成了他的弟子，我一定要记住这句话，老师有才华有能力，跟着他能学到真东西。但同时，自己也要一天天变得优秀，那样才能配得上这个圈子，配得上别人给自己牵起的人脉。

励志语录

人脉和圈子，不是融入的，而是吸引来的。

师傅领进门，修行在个人。

当你觉得自己需要改变，请给自己 21 天，让自己蜕变。

▶▌个人能力毕竟有限，抱团发展才会创造更多财富。

我们大多数人都属于普通人，没有显赫的家世背景，没有特别出众的个人能力。所以，我们要想谋得属于自己的一席之地，该靠什么呢？首先是跟对人。将遇良才能打胜仗，才遇良将如同种子选对了土壤。成功路径有两条：自己很厉害，带着一帮人成功；自己不厉害，跟着厉害人成功。和什么样的人在一起，就会有什么样的人生。

和勤奋的人在一起，你不会懒惰；和积极的人在一起，你不会消沉；与智者同行，你会不同凡响；与高人为伍，你能登上巅峰。

人是可以被教育的，前提是，那个能指引你的人是谁，他能让你成为谁。对的人是教育你建立正确思维、正确价值观、正确人生理念的人，对的人是给你理顺思路的人，是给你明确方向的人，是修正你的人，是恨铁不成钢又处处说你优点的人，是鼓励和帮助你的人，是把你扶上马送你一程的人，是陪你到胜利为你呐喊欢呼的人！

而我误打误撞，却碰到了生命的贵人，苏引华老师。

老鹰训练营结束后，我开始给人不停地演讲，很多人听了我的故事，受到了激励。

我发现，我的培训生涯开始慢慢地蜕变了，在苏州，通过苏老师又认识了张锦贵老师。

我和张老师有过两天的学习，通过学习我明白了很多。他对我说："其实，直到今天，所有成功的人都在做一件事——玩。只有会玩的人才能当王，只有当王的人才能赚到钱！"这些话让我深刻地了解了圈子的重要性。

张锦贵老师还说："一个人要想成功，需要 12 个字：贵人相助、高人指路、名师开悟。"

这时候，我突然意识到为什么以前我的培训做不好，因为我身边没有好的教练。

就这样，在恩师的指导下，我的演讲能力越来越强。我清楚地记得，为了讲好课我还特地花了 3000 元买了西服和领带，这是我人生的第一套西服。可是，刚开始进入培训行业的时候，只有寥寥可数的几个人做我的听众，我人生第一次演讲记得特别清楚，有 18 个人听，其中 14 个还是我的员工，只有 4 个是外来听众。可是今天呢？每年听我演讲的人数至少 5 万。以前 180 元门票都没有人愿意买，现在我出场费每天至少 40 万。其实，不管做任何事情，只要坚持做下去，就一定能找到很多方法。其实这所有的一切离不开苏老师的教导。

起初从事培训业只是想让自己和家人的生活变得好一点，也就是为了多赚点钱而已。后来自己衣食住行什么都有的时候才深深感悟到苏老师说的这个世界赚钱的行业很多，没有一个行业能比帮助别人成功来得更有意义和价值。

特别感谢来自浙江的学员唐平阳，2010年他老婆生了一场重病，花了二十几万，欠下了10万的债务。孩子出生之后，老婆却离开了。原本他是一个阳光、向上的人，这件事情发生之后就开始逃避生活，一蹶不振，不敢谈恋爱，对于工作也是一种无所谓的状态。

通过唐平阳的演讲，我才对他有了进一步的认识。我知道，他的心灵已经受到了触动，改变一定会在他的身上出现。果不其然，回去之后，我收到了唐平阳发来的好消息：他第一个月的收入从2000元提升到了8000元，老板看到了他的改变给了他10%的干股，在一个月的时间里他找到了人生的另一半……

他的改变让我更坚定了自己的信心。不管遇到什么挫折和困难，一定要走下去。我下定决心要做好培训业。

唐平阳后来一直跟我说："陈老师，我听了您的课，有一种豁然开朗的感觉，觉得以前像是有层厚厚的茧束缚在身上。"而我也跟他说，之前的我就是他，要不是听了苏引华老师和张锦贵老师的开悟，我也走不出来。而且也不会像现在这么坚定信念一定要在培训行业扎下根并发扬光大。

我看过一本书里说，人生有"四行"，第一得自己行，第二得有人说你行，第三得说你行的人行，第四得身体行。

自己行，就是要有不怕苦、不怕挫折、勇于重来、敢于突破的能力；

有人说你行，就是你身边有人能认可你的能力，愿意跟你共同创造价值；

说你行的人行，就是你要和高人在一起，这个人能给你指引，让你在迷途中找到出口。

身体行，身体健康是 1，后面的财富，名利，事业，家庭……才是无数个 0，没有前面的 1，什么都白搭。

明白了这些，才能收获自己想要的。

励志语录

一个人要想成功，需要12个字：贵人相助、高人指路、名师开悟。

和勤奋的人在一起，你不会懒惰；和积极的人在一起，你不会消沉；与智者同行，你会不同凡响；与高人为伍，你能登上巅峰。

人生有"四行"，第一得自己行，第二得有人说你行，第三得说你行的人行，第四得身体行。

▶ 世上最好的保鲜就是不断进步，让自己成为一个更好和更值得爱的人。

从下决心来走培训这条道，我开始了历练。一个人的能耐本事都是练出来的，而最好的历练就是将最普通的事情一件件干起来。

2012 年底，我跟随恩师苏引华老师开始了演讲，也带着自己的一颗心开始了红尘中的修行。

2013 年 1 月 1 号，苏老师跟"销售女神"徐鹤宁老师同台演讲，现场 1500 人。那时候我已经不是一个小白。尤其是运用了苏老师教的方法，在数次演讲中已崭露头角。那天，苏老师让我给台下的人分享如何改变，并如何走上演讲之路的故事。第一次面对 1500 人演讲，一开始紧张到不行。上场前 30 分钟上了 5 次厕所。看着台下黑压压的人群，刚开始感觉腮帮子都在哆嗦，但想着我是因为苏老师的课才改变的，我一定要分享。有价值的事情，应该广而告之。

令人没想到的是，短短 15 分钟的分享，现场竟然帮恩师成交了 100 多个学员。因为我是课程的直接受益者，我相信参加恩师的课程一定能帮助到他们。

有了那一次的分享经历，我的演讲水平和能力也有了突飞猛进的发展，也见识了培训界的很多前辈同行们，跟着他们学习了很多知识，也拓宽了自己的视野。

励志语录

真正的能力，是有了目标后坚定执行，不断历练。

榜样的力量无穷，给自己一个参照标准，你就会跟随着榜样去提高。

让爱自己和自己所爱的人过上好生活就是最好的使命和情怀。

►► 世上没有万无一失的成功宝典，择业或创业如同种子，能否长成参天大树需要合适的土壤，简单说来，就是在综合自己的内心想法与能力后，走向对的道路，向对的人学习，去做对的事情。

我们普通人没有显赫的家世背景，没有特别出众的个人能力，也没有撞大运般的机遇。所以，我们要想谋得自己一席之地，该靠什么呢？首先是跟对人。将遇良才能打胜仗，才遇良将如同种子选对了土壤。成功路径有两条：自己很厉害，带着一帮人成功；自己不厉害，跟着厉害人成功。

跟对人决定你的人生成败。和什么样的人在一起，就会有什么样的人生。

和勤奋的人在一起，你不会懒惰；和积极的人在一起，你不会消沉；与智者同行，你会不同凡响；与高人为伍，你能登上巅峰。

2013 年，我遇到了我生命中的贵人，我紧跟苏老师的脚步，他走到哪里我就跟到哪里，大有死缠烂打的意味。不管苏老师在全国各地演讲还是旅游，就算去广州、苏州、上海、深圳，我也自己买机票、自己定酒店，每场必到。我觉得每个人的机会都是自己创造出来的，不是别人给的。2013年，苏老师每个月都会有3场以上1500人演讲，每次快结束的时候都会让我在讲台上露露脸，分享10分钟。那一年我成长的速度越来越快，经历多了，在讲台上也越来越自信。我觉得自己在苏老师身上学到了本领，于是自己创办了培训公司。2013年，我在昆山开办了500平方米的公司，还组建了20人左右的销售团队，推广我自己的课程。原以为遇到苏老师这个伯乐，自己就能变成千里马。事实上，创业容易守业难。

刚开始的时候有决心把公司做成功，可经营了一年，没有想象中的简单，每天自己忙得快要累死，业绩也并不理想，自己的团队也没有跟着赚到钱。我觉得，努力了没成功有两个原因，一，方向不对，努力白费；二，没找对平台跟对人，后者更重要，俗话说，站在巨人的肩膀上才能眺望得更远，先跟对人才能做对事。跟着不同的领导，结果就不一样。跟对老板很关键，假如一个人在十几年前，真的遇到马云，跟他了，成为他的"十九罗汉"，那不用想，肯定已经让自己的职业生涯飞黄腾达了。当我意识到这一点的时候，正好赶上一个契机。

2014年初，"大脑银行"的总裁超哥给我上了一课，让我豁然开朗，一个人想成功，要么组建一个团队，要么加入一个团队。那时候，看着自己组建的团队，没有起色。为了让团队的伙伴过上更好的生活和发挥优势，我把公司关了，带着10个伙伴全部加入了"大脑银行"。因为平台好，引路人强大，短短3年不到的时间，跟随我加入公司的华飞、欢欢、赵旺、双炼、富强现在全都开上了奔驰、宝马，都在苏州买了房子。让我更坚定了成功就是跟对人，做对事。自己创业是一个不错的选择，但不是任何一个创业者都能杀出一条血路。选择一个更好、更大的平台一样可以成功。

2014年我开始负责推广苏老师"总裁商业思维"的课程。以前自己开公司一直缺学员，加入公司以后自己越来越忙碌，每个月都在全国各地演讲。2014年—2016年，短短3年的时间，自己的能力也提升得越来越快。听我演讲的人也越来越多。2016年站在大脑银行年会上分享，面对苏州博览中心现场8000位企业家，我内心激动万分，我终于实现了自己曾经的豪言壮语。

因为刚刚开始做培训的时候，我就向身边所有的人吹牛，给我5年的时间，一定要办一场8000人以上的演讲会，那时候所有的人都打击和嘲笑我。可我坚定苏老师讲的一句话："最初所拥有的只是梦想以及自信而已，但是，所有的一切都从这里出发……"

我自己办培训，努力了没有实现梦想，平台改了，跟着的人变了，业绩也有了突飞猛进的改观，基本每个月都有一场万人以上的演讲。如苏老师的"框"理论所讲到的：世间万物都存在于自然规律所设计的框架内，每一个人都活在意识形态所限定的框架里，如果不能突破框架，将永远不能解脱！如何摆脱框架的束缚，唯一的途径就是突破框架！所有的限制都源自思维的限制，所有的改变都源自思维的改变，所有的奇迹都源自思维的升级！你思考的范围就是你的宇宙，你经历的范围就是你的人生，想要破框就要改变你的思维！所谓思维，就是思考的维度！小成者布局、中成者造势、大成者立框！

因为跟对人，3年的时间，自己的思维彻底改变。跟随苏老师在红尘中修行，走进了京东、华为、腾讯、法拉利、奔驰等多个公司，用心感悟世界著名企业快速发展、长盛不衰的管理精髓。跟随苏老师走进德国、意大利、菲律宾等10个国家，用心聆听大自然的生灵万物、红尘世界中的真实自我。

在培训业沉淀了整整7年的时间，现在每年听我演讲的人数在10万以上，我觉得所有的一切要感恩公司的平台、苏老师、超哥、龙哥、"大脑银行"所有的家人和支持我的所有客户。拥有一个平台，就是聚合智慧和思维去享受世界。

📢 励志语录

普通人成功没捷径，但有秘诀。第一跟对人，第二做对事，第三熬出来，非常重要。

ZAICHUANG
HUIHUANG

第四部分

创业，需要几种力

▶▶ 在你接受任何信息的时候，首先要判断这个信息对自己是否有用。如果有用的话，再掌握一种技能，就是感知这个信息的本质是什么，然后呢，带着思考去接受信息。

走过很多路，看过很多人，也接触不少成功或失败的创业案例，我觉得很多时候失败不是因为机会太少，而是由于机会太多，以致我们分不清哪些是机会伪装的陷阱，哪些又是陷阱伪装的机会。每一个机会都想抓住，但到最后却发现没有一样可以留下。卡耐基说，人有三个与生俱来的致命缺陷，排在首位的就是"人心太贪"。对于贪念，其实每个人都有，大可不必为了抬高自己就去遮掩。

每一名创业者、每一个企业家、每一位管理者，要想抵制住诱惑和试探，就必须学会专注。

回想创业路上的 13 年，一路风风雨雨，经历了无数的挑战和挫折，也见过无数的企业家起起落落。我觉得一个人要成功，一定要在自己的领域专注做好一件事。

2013 年，有一次请苏老师在昆山演讲，跟苏老师单独交流了 2 个小时，这让我彻底知道了专注的重要性。那时候在培训业，什么课程我都讲，管理、领导力、服务、潜能激发、销售……

苏老师跟我说："陈文强，要想在培训业立足，必须专注一个领域，做到那个领域的第一名，你最擅长哪个领域的演讲？"我思考了一下，觉得服务营销领域最擅长，因为从事服务业15年，对这个领域还是研究得很透彻。苏老师说："那你就用3年的时间把服务营销讲到第一名，能否做到？"

从那时候开始，我就专注深挖服务和营销，我觉得一个人要成功，一定要学会放弃一些东西，聚焦一个点。

基于这样的认识，我主攻服务和营销，不断积累经验，拓宽这一个领域的知识面，认识到要想把服务做好，关键是疯狂的体验、发自内心的利他和送礼的智慧。

1. 疯狂的体验

当我聚焦服务领域的时候就开始体验高级酒店，高端场所，其实现在的生活水平越来越高，更多人在乎的是服务要做得贴心。

犹如目前的海底捞火锅，我去过全中国不低于十个地方的海底捞，每家店每天都是排着长长的队。我发现每个海底捞的服务都是一个标准，让客户"欠它"。举例：如果你去海底捞吃饭，它会给你擦皮鞋，做美甲，看小孩，还会给你礼物等，你会发现吃饭的过程中，在不断地超出期望值，所以就会留下深刻的记忆。如果你从事服务业，那真的应该好好去学习和体验。

2015年跟苏老师去迪拜，那时候我们住了七星级酒店帆船酒店，一个晚上将近 2500 美金，一开始真的觉得有点贵，可是体验过以后，你会觉得物超所值十倍以上。走进帆船酒店，不是先给你开房间，而是由专业的中国主管给你讲解帆船酒店的文化历史，带你参观帆船酒店。当你还没有走进房间的时候，你已经充满了渴望，每个房间都有爱马仕公司免费赠送的香水、沐浴露、洗漱用品，还有超级新鲜的水果大拼盘、红酒、迪拜的特产，所以当你走进房间的时候充满了惊喜。每个房间最少有 5 个人 24 小时为你服务，房间的装修都是全世界最顶尖的设计师设计的，酒店是通过服务感动所有客户的。

就像我经常讲的一句话，人不会因为知道而改变，只会因为体验而触动，所以要想把服务做好，就要去疯狂体验。

2. 发自内心利他

服务就是赚取人心、获得人心。就像在我的品牌课程"服务营销 36 计"里讲的，普通人天天想着占别人便宜，高手每天想着如何让别人占他便宜。当你一心为别人着想的时候，就会有更多的贵人来帮助你。

俗话讲"吃亏就是福"，当你理解透这句话的时候，才能把人际关系经营好。

人生的感悟：把付出当成收获，当下就会得到感动与爱。

3.送礼的智慧

不管做哪个行业，其实都是在做人际关系的行业，所以一定要知道礼尚往来的重要性。

礼尚往来是礼貌待人的一条重要准则。就是说，接受别人的好意，必须报以同样的礼遇。这样，人际交往才能平等友好地在一种良性循环中持续下去。因此，《礼记》说：礼尚往来，往而不来，非礼也；来而不往，亦非礼也。

对于受恩者来说，应该滴水之恩，涌泉相报。在古人眼里，没有比忘恩负义更失于仁德的了。孔子说："以德报德，则民有所动；以怨报德，则民有所惩。"可见以德报德，有恩必报，是人的基本道德修养。当然，所谓礼轻意重，礼并非越多越好。

其实礼物礼物，重要的不是"物"，而是"悟"，所以给大家分享下这些年我送礼的感悟：

（1）多比少好。

（2）礼一定要有价值。

（3）送本人不如送他身边最亲的人。

（4）送难买到的比容易买到的好。

给大家分享几个送礼的案例。

案例 1: 给客户送花

我觉得既然送花，就是多比少好，一定要让客户有"第一次"的感觉，有一次我参加一个朋友公司的答谢会，送了一束直径一米的百合花束，那个朋友超感动。两年以后，我们有一次在一起吃饭，他还在提起那束百合花的事情，说没有收到过比我送得还多的花。所以他每次收到花的时候都会想到我。可是那天吃饭的时候，我订了一束比之前那束还要大一圈的，朋友看到感动得流泪。

案例 2: 给客户送老母鸡

一个员工叫小梅，得知她一个客户生病了，于是回老家的时候抓过来一只自家放养的老母鸡，到客户家里帮客户现杀拔毛，亲手给客户炖了一锅老母鸡汤补身体，客户感动得热泪盈眶。结果这个客户为了回报小梅，没过多久让小梅办了一张 48600 元的会员卡。其实我们要学会给身边的人投资情感账户。生活中会有亲人或朋友生病，当你用心的时候，亲自为他熬一碗汤，胜过任何礼物。

案例 3: 送大闸蟹的故事

我们很多人跟房东打交道都是奔着讨价还价去的，所以很难得到自己想要的结果，我们不妨换一个角度，先通过服务感动他。我第一次去见房东，特地开车来回 2 个小时去阳澄湖抓了 20 只大闸蟹带去了房东家里，房东见我拿着礼物去，态度瞬间 180 度大转变，原本僵持在一年 24 万的价格，结果很爽快地便宜了 3 万元。我放下了礼物，说回去考虑几天。过了几天，我又带了两盒新疆的红枣，我说"阿姨啊，像你这个年龄，要多补气血，我特地让新疆的朋友邮寄过来的红枣，煮粥可以放一些"，结果阿姨又特别感动，真的以一年 18 万的价格租给了我。用心对待每一个人，你会有意想不到的回报。

案例 4：送佛珠

我有一个学员，做贸易的朱总，他的客户大多数是有钱人。一次，他要开发一个新客户，已经开发了两年，不管送爱马仕还是普拉达，这个客户都对他爱搭不理。有一次他又去意大利拜访这个客户，出发前得知客户的爷爷生了病，于是朱总就去他们当地比较灵验的寺庙给客户和他的爷爷祈福，并求得三串佛珠。到了意大利之后，他先去医院看望了客户的爷爷，并送上礼物，客户得知了佛珠的意义之后，非常感动。朱总回国前，客户把朱总约到了他的办公室，客户指着桌上的订单对朱总说"这些订单你们公司可以做的都拿回去"。结果，第一次就达成了 500 万左右的订单，全年达成了 2000 万订单。

就像前面讲的，有时候送礼物送他本人不如送他身边最亲的人，感动一个人就会感动一群人，感动一群人就会感动一个集体。

我举这些案例其实都是想谈聚焦的力量，聚焦在一个关键点上，做自己擅长的事。做服务拉关系也要聚焦在某一个点上，向别人表达谢意，送礼物，如果懂得聚焦的力量，那么就会事半功倍。

励志语录

聚焦在一个关键点上，做自己擅长的事，然后达成目标。

会送礼，送出的礼才有意义；不会送礼，浪费钱也浪费感情。

▶️ 很多人都说他们想要富有，可是很少人花时间仔细去想他们到底要什么，以及为什么要。如果你想为自己的生活创造源源不绝的财富，必须把这些都想清楚。找出你确实的需求，甚至把细节的部分都想清楚，这是非常必要的过程。

很多时候，人之所以成功，大部分源于最初就树立了远大清晰的目标。设定目标，可以让人产生积极的心态，看清使命，产生动力；可以使人集中精力，把握现在；可以使人产生信心、勇气和胆量；可以使人不断地完善自我、取得成功……

很多时候，一个人迷茫找不到方向，没能成功，是因为没有给自己设定目标，或者是没有看到目标。

生活迷茫是因为没有找到人生的方向，不知道活在世上的真正意义，每个人心中都有自己的理想，有自己的未来和生活方式，目标不一定要远大，这样你就会在满足中进步。

人活着为了什么？是为了一日三餐能填饱肚子，还是为了一觉醒来能看到旦日的朝阳？

有的人为了大众的福祉而殚精竭虑，虽生命短暂，流星般划过天际，却以自己生命的燃烧，瞬间照亮世界，用精神续写生命，应该说是伟大的，然而这样的人毕竟是少数的，更多人活在仰望之中，看到流星的陨落，为活着的人祈福。对于我这样一个平凡的人来讲，自然也不奢望活在别人的世界里，只求把自己脚下的路走好。

有的人在有限的生命里玩命，把生命浸泡在吃喝玩乐中，将生命放纵在骄奢淫逸里，人心不足蛇吞象，总嫌不能占有天下钱财，总恨不能享尽天下美色，食尽人间佳肴。

有的人则戴着面具过活，活在虚荣、空虚的阴影里，追求浮华，浮躁，张扬，然而却欺骗自己，蒙蔽他人，为了达到心中的目标，刻意做出样子，实际上明争暗斗，诈伪、空虚。

在滚滚红尘中，拥有一份平淡，就拥有一份美丽；独守一份平淡，就拥有一份幸福。钟情平淡，喜欢平淡，我们才能善待生活，善待人生。

也唯有平淡，能够让我们避开名利纠缠，精心描摹人生的图画。

平淡，不是人生之光的暗淡，不是生命之火的熄灭，不是超然世外的冷漠，也不是看透世事的故作高深，或强学古人的避世脱俗，平淡其实是一种更大的目标。平淡的生活也需要年轻时在外打拼，奋斗，不然哪来晚年品清茶淡酒，看云卷云舒的宁静闲适。

时常给自己定一些目标，既不要望而生畏，也别触手可及，通过自己的努力，每天都有进步。纵然每日都是粗茶淡饭，也会品出其中新的味道。活在表面上的人，一辈子都是一副虚壳，没有灵魂，永远也无法摆脱枷锁的束缚，无法迎接旦日的朝阳！

进入培训业，培训的人次也超过十万，我发现80%的人不够成功，都不懂得如何给自己设定目标，也不知道达成目标的方法和策略，在我的"企业自动运转"的课程里，当我分享完目标管理的时候，发现所有人都被彻底点燃和引爆了，更明确了当下为谁干，为什么而干。

如果你当下对生活还不是特别满意的话，那我觉得更要为衣食住行干才有持续的动力。跟大家分享一下设定目标的注意事项和达成的策略，其实目标＝收入，唯有不可思议的目标才可以达成不可思议的结果。

目标分为长期目标，中期目标，短期目标。

一般长期目标十年以上，中期目标5—10年，短期目标1—5年，只有当我们把短期目标达成的时候，长期目标才能实现，但是往往很多人都活在长期目标里，任何一个大目标的达成都来自小目标达成的积累。

所以我们设定短期目标的时候，一定要靠谱，不能异想天开。

有一次我在北京演讲，问一个人目标是什么，他回答"买布加迪威龙"，又问他月收入多少，他回答"1万"，布加迪威龙在中国市场价2500万元。其实通过这个故事，我只想告诉大家，当你设定的目标太离谱的话，只会打击到你自己，当时我就帮他先设定了个小目标，先通过自己的努力，3年买一辆50万左右的奔驰，等到自己能力提升的时候再去实现布加迪威龙梦。如果不及时给这个人修改目标，这个人每天都可能活在幻想中，天天都在做梦。其实在生活中有太多这样的人，人生最大的悲哀就是能力跟不上野心。

设定的任何目标必须明确才能产生持续的力量。跟大家分享一个通俗易懂的案例，很多人找结婚对象只有一个目标，就是要找个对他好的，孝顺的。请问这个目标是明确的还是不明确的？答案是"不明确的"。找结婚对象，要问对方的身高、体重是多少，多大年龄，收入多少，哪里人，是否有房有车，只有当你明确了才能真正找到理想的对象。

其实很多人都有目标，只是都不够明确，不够坚定。我觉得当一个人对目标坚定的时候，任何阻碍都可以克服。

父亲54岁生日那天，我引导他设定了一个目标：考驾照，因为一直希望他在农村过上有车有房的生活。我刚跟父亲商量这个目标的时候，他全是恐惧和借口，说自己年龄太大了，眼睛老花，从来没有玩过电脑用过鼠标，肯定不可能考过。那天我非常坚定地跟他讲，如果一年时间考不下驾照，每个月 2 万元的零花钱就没有了，如果考过了，送一辆宝马给他。2016 年，父亲干的第一件事就是报了驾照学习，从来没有玩过鼠标的人，考试前 15 分钟学习了鼠标怎么用，做了 93 道题就考过了科目一，3 个月就成功拿到了驾照。他拿驾照那天我也兑现了我的承诺，送了一辆宝马给他。通过这件事情，我觉得任何一个人，只要目标明确，都可以实现梦想。

设定目标一定要有时间的限制。就像很多人都在说减肥，可是减了三年五年还没有减下来。减肥只是一个目标，没有时间的限制，就不会产生行动力。

是否达成目标要有明确的奖励和惩罚，奖要奖得心花怒放，罚要罚得胆战心惊。人只有没有后路的时候才会全力以赴。就像这么多年为什么我成长得特别快，因为我设定任何一个目标都会用生命去达成。有个月我的目标没有完成，那时候公众承诺，如果完不成，从昆山火车站步行到苏州火车站。

从此以后，我发现全身上下充满了能量，这让我更深刻地知道，成功都是被逼出来的。就像在我们的团队，每个人每个月都会给自己设定明确的目标，达成了奖励自己 500—10000 元不等的礼物，否则就吃一根苦瓜或做俯卧撑。就是这种"严格是大爱，包庇是侮辱"的精神一直激励着我们勇往直前。一个企业没有执行力，再好的产品、再好的模式都是昙花一现。领导者必须轻财足以聚人，律己足以服人，量宽足以得人，身先足以率人。得人心者得天下。

设定任何目标都要签字画押按手印，一定要相信文字的力量，所有的约定都要白纸黑字。

这么多年我总结达成目标最快的方法和策略：

第一个策略，公众承诺。当你设定完目标的时候，让所有人都知道并且监督你，万一你没有达成，就会觉得很丢人。就像那时候刚刚进入培训业，我身无分文，我就告诉所有的人，给我5年的时间，我要办一场一万人的演讲会，我要面对年产值一千万、五千万、一个亿、十个亿、一百个亿以上身家的企业家演讲，我要拥有跑车和别墅，让我的员工五年都开上奔驰和宝马。当我刚开始跟身边所有人分享的时候，别人都说我精神病，可是讲多了，我慢慢自己开始相信了，所以我觉得完成任何一个目标都需要完完全全说服自己。现在5年过去了，这些目标也通通达成了，所以我要感谢5年前那些曾经嘲笑我的人，是他们让我变得更加坚强。

第二个策略，将梦想视觉化。每天写目标看目标读目标20遍以上。其实很多人无法达成目标就是因为决心不够，建议大家把自己想要达成的目标变成手机、电脑的壁纸，让自己每天都能看到，加强自己的信念，每天早上起床第一件事情，读目标、写目标20次，不断地给自己输入想要的结果。

励志语录

唯有不可思议的目标才可以达成不可思议的结果。

设定目标，可以让人产生积极的心态，看清使命，产生动力；可以使人集中精力，把握现在；可以使人产生信心、勇气和胆量；可以使人不断地完善自我、取得成功……

▶️ 承诺产生力量，承诺产生勇气。承诺要办的事项能否在既定
时间内完成，关乎一个人的品格和形象，关乎领导者的管理
水平和能力。如果公开承诺要办和应办的事项脱离实际，到
期完不成，承诺就会失信于公众。正视承诺的力量，善用承诺。

很多人都承诺过，比如说要减肥的，结果坚持了三天就坚不
下去，然后狂吃，把前三天掉下去的二两肉又长回来了半斤；比如，
说要跑步的，结果办了健身卡，去了两次就不去了，让卡里的钱
也打了水漂；比如，说要每个月给父母多少零花钱的，结果变成
月光男神、月光女神，连自己花得都捉襟见肘；说要系统学习某
个课程的，结果听课的时候还激情澎湃，下了课就抛到九霄云外。

之所以会出现这样的情况，我认为，是因为把这个承诺停在
了口头，而没有真正学到如何去兑现承诺。如果学会兑现承诺，
就知道诺不可轻许，完不成挺丢脸的。

承诺的重要性我们每一个人都非常清楚，可仅仅是口头说说
只能给人无力感，公众承诺才能产生巨大的力量！

刚设立起一个目标，稍遇到一点困难就不能坚持了，只要随
便找个理由就会轻易放弃……要放弃是很容易的，随便找个理由

就可以。做任何事都有两个选择来考验你："是坚持，还是放弃？"

就像王石说的：往往成功就是再坚持一下，等你登上高峰就无限风光，但你如果放弃就太容易了，永远享受不到登山的快乐。

胖哥是我的学员，三年前认识他，他的体重一度快要 200 斤，在参加我们的培训课时，被我们团队的激情和勇气感染。他做了一个公众承诺，要在年底再聚的时候让我们看到全新的他。大家鼓掌的同时都没有太放在心上。年会上，他穿着笔挺的普拉达西装，戴着墨镜闪亮登场的时候，大家除了尖叫还有惊讶，是什么样的魔法让一个原本体重 200 斤的壮汉恢复成了金秀贤呢？

胖哥说："我既然跟大家做了公众承诺，一定要兑现。从夸下海口的那天，我办了一张健身卡，严格给自己定下了锻炼标准。好几次在跑步机上跑到快要晕倒，连教练都说我太拼了。最后换来的成果就是今天你们看到的样子。以前从不敢奢望穿标准西装的自己，完全装在了这套为标准身材打造的西装里，想不到我胖哥也有成为衣架子、让人尖叫的这一天。"这就是承诺的力量。

有人附和胖哥说，胖也有胖的好看呀，那是富态。但他说，人要对自己有要求，要有自控力。一个连自己的身体都修炼不好的人，谈什么其他的？保持一个好身材是在维护健康。

我们跟别人打交道，给人第一眼的印象都是外在的形象。人人都喊不要以貌取人，但我想说，当一个人连外在的相貌都照顾不好，我不相信他能把其他的照顾好。我们见到一个陌生人，如果看到对方身材标准，面相姣好，说明这个人一定是一个努力让自己保持健康的人。能让自己时刻拥有精气神儿，这也是一种强大的能力。

承诺就是答应别人、对别人所许的诺言，务必兑现，也就是守信。

忠诚守信，是立世的根本。在过去农业社会，交通不便，通信设备不发达，外出就业的人要靠信差投递家书、传递口信，甚至寄送物品。彼此之间，并没有契约，也没有证人，靠的就是一份诚信。即使千山万水，风餐露宿，信差务必完成所托，这就是"承诺"的力量。

古人对信守承诺的重视，可以从"一诺千金""一言九鼎"等成语获得证明。而创业的过程，无论是对别人还是对自己，都要相信承诺的力量。

🔊 励志语录

你说了什么不重要，重要的是你有没有按你说的做到，说到和做到有很大不同。

当你不能坚持的时候，试试公众承诺，当很多人都去监督你时，你就没有了偷懒的借口。

一诺千金，如果实现了，真的值千金。

▶ **自利是人的本性，自利则生。没有自利，人就失去了生存的基本驱动力。同时，利他也是人性的一部分，利他则久。没有利他，人生和事业就会失去平衡并最终导致失败。**

随着社会竞争的日趋激烈，一些人变得越来越自私、越来越本位主义，无暇也不想顾及其他人、其他生命的感受。

试想，如果一个企业或者是一个人赚钱的目的纯粹是为了自己。即使成功、钱到手了，金钱所能带来的也只是短暂的满足。

所以，无论从最初的开店，到后来的开公司，还是做演讲，我一直强调一种思维，就是利他思维。

什么叫利他思维？就是说，付出的时候永远不要企望获得回报，你越不企望回报，你的回报越大。中国有句老话叫"吃亏是福"，利他的最终受益人是自己！

经常问问自己，我所做的如何才能对他人有利？我对于别人有什么样的价值？

以前看过这样一个故事：

有一个使者考察地狱和天堂。

他到地狱的时候发现，被罚到这里的人，一个个饿得面黄肌瘦，都像饿死鬼一样，每天非常痛苦。地狱里不给他们吃的吗？不，有吃的，问题是他们手里的勺子太难用了。每个人手里都拿着一把一米长的勺子，尽管勺子里装满了食物，但怎么也放不到自己的嘴里。所以，地狱里的人越想吃到东西，内心就越受煎熬，所以形容枯槁，面黄肌瘦。

这个使者又来到了天堂。他看到天堂里每一个人都红光满面，精神焕发。他觉得天堂的日子真好啊。但是他看到一个现象，大吃一惊。天堂里的人吃的食物跟地狱里的没什么区别，每个人手里拿的也是一把一米长的勺子。

为什么天堂里的人能够那么和美欢畅呢？只有一个奥秘。天堂里的人用长把勺子喂别人食物，而地狱里的人是用长把勺子往自己的嘴里喂食物。

利他就是天堂，自私就是地狱，就这么简单。

所以当我们每个人都想着别人的时候，你会发现特别美好、特别开心、特别拥有战斗力。其实，利他最终受益的是自己，你越利他，得到的回报就越多，你越不利他，最后就越没人帮助你，回报也就越少。当然，利他不要只想着回报，没得到预期回报就难受。

稻盛和夫，国际商界牛人，中国人熟悉他多是因为他亲手创建了两家世界 500 强企业，但我认为更值得关注的则是他的经营哲学：自利利他。

自利和利他，哪个是人的本性？两者是矛盾的还是一体两面的？

稻盛和夫说，自利是人的本性，自利则生。没有自利，人就失去了生存的基本驱动力。

同时，利他也是人性的一部分，利他则久。没有利他，人生和事业就会失去平衡并最终导致失败。

为了员工、客户及社会的福祉，稻盛和夫可以舍弃自己及自己企业的利益。根据商业社会的一般游戏规则，利他往往是以自损为代价的。可是我们都看到了，稻盛和夫亲手创办了京瓷和 KDDI 两家企业，而且尽管遭遇经济危机，这两家企业依然很稳定。

所以，我们无论是当企业领导，还是做一个普通的打工者，如果内心存有利他思维，内在就会有一种无形的力量，这种力量，会让你以利他出发，最终实现了利己。

励志语录

自利是人的本性，自利则生。没有自利，人就失去了生存的基本驱动力。同时，利他也是人性的一部分，利他则久。没有利他，人生和事业就会失去平衡并最终导致失败。

ZAICHUANG
HUIHUANG

第五部分

**让感恩
走在成功之前**

▶ 感恩离财富最近。

感恩，是升华生命的第一要素。

畸形的事物缺乏美感，没有美感的事物会给人带来一种莫名的难受和急躁，甚至令人厌恶。

这是生命的一种本能反应，是生理对某些物质的过敏。

没有感恩之心的人的生命结构是畸形的，这也是我们对有些人产生反感和厌恶的原因。生命是一种有灵性的反物质结构，这个结构可能是畸形的，越是畸形结构的生命越处在生命的低层空间。

一个人从呱呱坠地起，就沐浴太多的恩情：父母的养育呵护，师长的传道受业，夫妻的相濡以沫，朋友的意气相投，邻里的真情帮扶，素昧平生者的无私援助，更有社会提供给我们的良好生存环境和发展机遇，乃至大自然的阳光雨露、春华秋实。

所以，需要感恩的地方太多，需要感恩人的太多：

感恩父母，给了我们生命。

感恩老师，让我们摆脱愚昧。

感恩家人，陪伴我们一起创造家的温暖。

感恩老板，给了我们一份工作。

感恩上级，帮助我们在工作中成长。

感恩对手，让我们有了合作的愉快和竞争的能力。

感恩自己，拥有一份不被取代的能力，实现自己最大的个人价值。

如果说羊有跪乳之恩，鸦有反哺之义，那么，知恩感恩才是一个人该有的本性和良知，也是最大的财富。我始终相信，感恩之于别人，终究回馈自己。心理学认为：心改变，态度就跟着改变；态度改变，习惯就跟着改变；习惯改变，性格就跟着改变；性格改变，人生就跟着改变。常怀感恩之心，我们的人生将更加美好。

正如哲人所说："你若爱，生活哪里都可爱；你若恨，生活哪里都可恨；你若感恩，处处可感恩；你若成长，事事可成长。不是世界选择了你，是你选择了这个世界。"

怀感恩之心，不光让我们懂得投桃报李，滴水之恩当涌泉相报，还让我们积攒自己的福报，使人生少一点计较和抱怨，更多一点温暖、和谐和面向未来的胸怀。感恩，是一种回馈生活的方式，它源自对生活的爱与希望，源于对他人的理解与接纳。它是我们的力量之源、爱心之根，是我们成就阳光人生的支点、获得幸福生活的源泉。

感恩由一个小小的开始起心动念，便能带来更多值得感恩的事情，这是一条永恒的法则。所以我们要用加法去爱人，用减法去怨恨，用乘法去感恩。感激生活的种种赐予，怀着一颗感恩、宽容的心在生活中行走，我们必将处处收获善意、和睦，与幸福共赢共生。

📢 励志语录

知恩感恩才是一个人该有的本性和良知，也是最大的财富。

不是世界选择了你，是你选择了这个世界。

▶▮感恩祖国。

我爱看足球比赛，每每看到我们国家因为踢得差，就会气愤，跟着转播现场挥拳；看到我们国家赢了，就会蹦跳呐喊。在奥运会的赛场上，每次看到运动员因为拿到了金牌使得我们国家的五星红旗冉冉升起，我都会觉得心底有一种高贵又温暖的情愫。

"祖国"，简简单单两个字，其意义却无限大。祖国，我们把她称为母亲，她是永远的港湾，是前方永远的灯塔。

感恩祖国，就要为我们的国家出一分力量，带着使命和情怀使得每一个善小善念汇聚成属于祖国的大善，让她变得更美好和强大。

我一直跟我的学员和员工说："你们不要以为说感恩祖国是大话空话。"也许你坐在自己的家里不觉得，你出门与邻里之间不觉得，甚至我们在自己的国内圈里活动不觉得，一旦你走出国门，你就能强烈地感觉到祖国的含义。

如果祖国不繁荣强盛，哪有我们个人的辉煌与成就？所以，要感恩祖国，以我们是一个中国人为骄傲。尽最大的能力提升自己，做好自己，惠及家庭。小家庭变得和谐上进了，我们背后的国家才能一点点变强变大。

📢 **励志语录**

　　小家庭变得和谐上进了，我们背后的国家才能一点点变强变大。

▶ 感恩父母。

没有父母就没有我们。

父母的爱是天地间最伟大的爱，自从我们来到这个世界，父母就开始爱着我们，直到永远。父母的爱，是一种对儿女天生的爱，自然的爱。

正如曾国藩所说："读尽天下书，无非是一个孝字。"孝道在古代社会备受推崇，其实无论生活怎么改变，对于父母的这份孝永远值得提倡，因为孝＝感恩。

正如天地为万物之源，而父母就是我们的生命之本。我们的生命就是源自于父母。父母含辛茹苦地抚养我们，呵护我们，使我们慢慢成长，渐渐茁壮。

感恩，就应该从对我们的父母尽孝道开始。比尔·盖茨在飞机上接受记者采访，记者问他："最不能等待的事情是什么？"比尔·盖茨没有回答记者希望听到的"商机"二字。他说："天下最不能等待的事情莫过于孝敬父母！"

羔羊尚知跪乳，乌鸦懂得反哺，身为万物之灵的我们，行孝更应及时。孝心让人成熟，孝心使人成长。一个没有孝心的人，怎么会在这个社会上立足呢?

感恩父母首先要敬仰父母。孝心要源于诚笃,确实出于敬爱之心,表现出真心实意。人要懂得将心比心,小时候父母是如何呵护我们长大的,我们长大后就要加倍反馈父母,就像下面一句话的表达,人们听了会非常温暖:你伴我长大,我陪你变老。

感恩父母其次是生育、教养好子女,不让父母产生忧虑。中华文明是讲究传承的。小孩子出门在外,我们是如何评论他们日常生活的习惯表现的呢?人们往往用"有教养"或者"没有教养"这一类的标准来衡量他。

感恩父母还要缅怀祖先,做出不凡的德行与业绩,光宗耀祖。

当然,孝顺不是花言巧语,不是表面功夫,它应该是生活中非常平凡微小的行为。

我要感恩父母的太多了。我不爱学习,父母并没有逼迫我,我需要感恩,因为父母没有苛责我,让我懂得了为自己负责,读书与不读书原来真的是我自己的事。

当我第一次意识到不学无术不行的时候,父母拿出在当时看来不少的钱给我当学费,我需要感恩。因为父母用他们的行动告诉我,什么是父母的无私和对孩子无条件的支持。

当我第一次欠下巨债落荒逃跑的时候,父母只是对我挂念,并没有半句责备,我需要感恩。在我最困难最需要安慰的时候,父母没有责骂我，虽然我犯下的错父母打我也不为过。这让我懂得了责任和担当，自己的事情需要自己扛。

当我第一次创业失败，整个人萎靡不振的时候，是父亲用他积淀下的人生智慧跟我谈心给我鼓励，我需要感恩。因为，在最困难的时候，父亲给了我一个男人的力量和榜样。我开始奋起。

父母用自己的心血哺育我们成人，父母的养育之恩青山载不动，时空移不走。我们每个人需要感恩父母的太多了，从小到大到老。我们都要让他们感到养儿养女好有成就感，我们也要时刻把父母放心上。在他们健康的时候，多陪陪他们，多伺候他们，多哄哄他们，让他们开心，去践行我们的反哺之恩。

■《励志语录

儿行千里母担忧，父母大恩，终身当报。

孝心让人成熟，孝心使人成长。

▶◀ **感恩所有的遇见。**

常言，一个好汉三个帮，红花需要绿叶衬，一个人的一生，多少会有那么几次独当一面的机会。

当你成为红花时，不要忘记身边和身后那些绿叶的烘托之恩。

我在什么都不是的时候，遇到了生命中的贵人，苏引华老师。

一个在关键时刻能和你共进退的人，是贵人；一个在你需要时，陪在身边的人，也是贵人。

没有我生命中的贵人苏老师的教导，就没有现在的陈文强。而我身边的超哥、龙哥就是与我共进退的人，让我知道带领团队的方法。感恩与大家共进退同学习的过程，我成长了，感悟了，拓宽了视野和格局。

感恩所有的遇见。朋友间，记住别人的好，就会拥有更多的朋友。家庭中，记住别人的好，就会其乐融融。记住别人的好，拥有一颗感恩的心生活，远比记住别人的缺点、毛病，怀着一颗怨恨的心生活要幸福。用一颗感恩的心去待人，你会发现，生活由此多了欢笑、快乐、真诚，少了虚伪、欺骗、伤害。

真正的幸福属于感恩者，真正的光明属于感恩者，美好的未来属于感恩者。不懂感恩者心中无爱，不懂感恩者从不忏悔，不懂感恩者缺少人性，不懂感恩者一头栽在权钱名的罪恶泥坑，不懂感恩者永远没有机会去往生命的高层空间。

感恩是一种回馈，是对爱的最好的回应。我们感恩所有给予我们爱的人，因为他们让我们在爱中懂得了人生的真谛，我们同样感恩未曾给予我们太多爱的人，因为他们让我们明白这个世界需要我们人人都献出一份爱，打造最和谐的社会。

📢 **励志语录** ───

　　如遇良师导引，受益终身，恩师之恩当衔环相报。

　　如果能遇到一两位赏识自己并给自己机会的贵人，将会少奋斗很多年。贵人之恩，没齿难忘。

⏭ 感恩自己。

最后我想感恩自己。因为，很多人对于生命中的美好遇见都能心存感恩，唯独缺了感恩自己。

我给学员做培训的时候，总会问他们一个问题："你们谁觉得自己是有钱人家的孩子，以后可以靠父母在社会上找到立足之地？请举手示意我一下。又有谁觉得自己家境普通，将来找工作、出人头地只能靠自己？"每次听到这个问题，无一例外，第一个问题无人举手，而第二个问题现场学员都会齐刷刷举手。可见，每个人的骨子里都有自己的愿景，都希望变成一个靠自己奋斗、成就自己人生的人，而不是坐享其成。

人与人之间是不平等的，有的人一出生就掉进了福窝，而有的人连窝都没有。有的人的父母位高权重，有的人的父母贫苦出身。这种生来不平等造成了人与人之间的差异。但唯一的相同之处在于，我们都可以靠自己去改变命运。

我们改变不了既成的事实，但我们可以换个角度和方法去提升自己。

感恩自己不是自以为是，而是为自己喝彩，因为人生之路太长太曲折，最亲近的人也不能永远陪伴我们。应该用自己的努力换来成绩，面对挫折时永不放弃。感谢自己从不停下前进的脚步，感谢自己比别人勤奋、比别人好学、比别人更懂得生存不易，趁年轻不虚度光阴。你做出成绩才能成为标杆，才有资格说是爸妈的好孩子、爱人的好伴侣、孩子的好榜样。努力过，即使没有成绩也不留遗憾。

努力并不遥远，也并不是没有方向。

当你发现自己偏离了生活的正轨，欲要走偏时，能审时度势、重新认识自己就是努力。

当你听从自己的内心，义无反顾地走下去，这就是努力。

当你觉得时间可贵，不把时间浪费在聚众赌博、泡酒吧、胡吃海塞的无意义聚会中时，这就是努力。

当你觉得身体是一切的根本，开始爱惜自己、不再用不良习惯糟蹋身体、调整饮食习惯时，这就是努力。

当你对家庭负责任，既能扶老又能携幼，力求给他们最好的生活，并且为之行动时，这就是努力。

当你遭遇困苦不再怨天尤人，不再抱怨命运，凡事知道向内寻因，并努力寻找出口的时候，这就是努力。

我们不怕千万人阻挡，就怕自己先投降。所以，我们一定要学会感恩自己并让自己配得上感恩。

📣 **励志语录**

人生因为自我奋斗而精彩，让未来的你感恩现在努力的自己。